国家高技能人才培训基地系列教材

初级调酒师

CHUJI TIAOJIUSHI

主 编 ◎ 谢玉莲

暨南大学出版社
JINAN UNIVERSITY PRESS

中国·广州

图书在版编目（CIP）数据

初级调酒师/谢玉莲主编．—广州：暨南大学出版社，2017.3
（国家高技能人才培训基地系列教材）
ISBN 978－7－5668－1950－5

Ⅰ.①初…　Ⅱ.①谢…　Ⅲ.①配制酒—高等职业教育—教材　Ⅳ.①TS262.8

中国版本图书馆 CIP 数据核字（2016）第 238931 号

初级调酒师
CHUJI TIAOJIUSHI
主编：谢玉莲

出 版 人：徐义雄
责任编辑：高　婷
责任校对：刘舜怡
责任印制：汤慧君　周一丹

出版发行：暨南大学出版社（510630）
电　　话：总编室（8620）85221601
营销部（8620）85225284　85228291　85228292（邮购）
传　　真：（8620）85221583（办公室）　85223774（营销部）
网　　址：http://www.jnupress.com　http://press.jnu.edu.cn
排　　版：广州市天河星辰文化发展部照排中心
印　　刷：深圳市新联美术印刷有限公司
开　　本：787mm×1092mm　1/16
印　　张：12.75
字　　数：300 千
版　　次：2017 年 3 月第 1 版
印　　次：2017 年 3 月第 1 次
定　　价：34.00 元

总　序

国家高技能人才培训基地项目，是适应国家、省、市产业升级和结构调整的社会经济转型需要，抓住现代制造业、现代服务业升级和繁荣文化艺术的历史机遇，积极开展社会职业培训和技术服务的一项国家级重点培养技能型人才项目。2014 年，广州市轻工技师学院正式启动国家高技能人才培训基地建设项目，此项目以机电一体化、数控技术应用、旅游与酒店管理、美术设计与制作 4 个重点建设专业为载体，构建完善的高技能人才培训体系，形成规模化培训示范效应，提炼培训基地建设工作经验。

教材的编写是高技能人才培训体系建设及开展培训的重点建设内容，本系列教材共 14 本，分别如下：

机电类：《电工电子技术》《可编程序控制系统设计师》《可编程序控制器及应用》《传感器、触摸屏与变频器应用》。

制造类：《加工中心三轴及多轴加工》《数控车床及车铣复合车削中心加工》《SolidWorks 2014 基础实例教程》《注射模具设计与制造》《机床维护与保养》。

商贸类：《初级调酒师》《插花技艺》《客房服务员（中级）》《餐厅服务员（高级）》。

艺术类：《广彩瓷工艺技法》。

本系列教材由广州市轻工技师学院一批专业水平高、社会培训经验丰富、课程研发能力强的骨干教师负责编写，并邀请企业、行业资深培训专家，院校专家进行专业评审。本系列教材的编写秉承学院“独具匠心”的校训精神、“崇匠务实，立心求真”的办学理念，依托校企合作平台，引入企业先进培训理念，组织骨干教师深入企业实地考察、访谈和调研，多次召开研讨会，对行业高技能人才培养模式、培养目标、职业能力和课程设置进行清晰定位，根据工作任务和工作过程设计学习情境，进行教材内容的编写，实现了培训内容与企业工作任务的对接，满足高技能人才培养、培训的需求。

本系列教材编写过程中，得到了企业、行业、院校专家的支持和指导，在此，表示衷心的感谢！教材中如有错漏之处，恳请读者指正，以便有机会修订时能进一步完善。

广州市轻工技师学院

国家高技能人才培训基地系列教材编委会

2016 年 10 月

前　言

本书旨在让读者系统地了解初级调酒师所需要掌握的知识与技能。本书主要分为两大部分：第一部分为基础知识，所涵盖的内容有调酒师职业素质要求与工作内容、岗位职责，法律知识，公共关系与服务礼仪，食品卫生知识与主要客源国风俗习惯，酒吧概述，饮料概述，鸡尾酒的调制，酒水准备、操作与服务等。第二部分为操作技能，主要介绍了初级调酒师需要考核的内容及说明，如调酒操作、饮品操作、设备使用维护、外语应用等。内容由简到繁，图文并茂，涵盖面广，通俗易懂。本书适用于自学，也可用做培训教材。

由于时间仓促，缺乏经验，书中难免有不足之处，恳请各使用单位及读者能提出宝贵意见与建议。

编　者

2016 年 12 月

目录
CONTENTS

第二部分　操作技能

第一部分　基础知识

模块 1

调酒师职业素质要求与工作内容、岗位职责

精讲 1 调酒师职业素质要求

一、调酒的由来

调酒是人类社会发展的产物，是人类社会在发展前进的过程中创造出来的以酒文化为根基的一种混合酒品的艺术。调酒具有专业性与技术性，调酒师调制出来的酒品的质量高低与调酒师的经验是否丰富有着莫大的关系。调酒是一门艺术，它为人们带来了视觉与味觉上的享受。

在酿酒历史的长河里，人们为了保证酿造的酒品口味一致，且颜色、香味、浓度都符合标准，就采用在酿酒的最后阶段将不同质量的酒液加以混合的方法，即勾兑。进行这一操作的人堪称最早的调酒师。他们调酒的配方和方法都是不外传的，而调出来的酒品质量也同调酒师的经验有关。好的调酒师可以分辨出几百种不同酒品的味道，在勾兑酒时，他们需要在安静的环境下操作，工作内容与在现代酒吧中工作的调酒师完全不同。

真正的酒吧调酒源于何处，众说纷纭。在 17 世纪的美国，就有一种叫“臂章”的混合饮品诞生；而在 18 世纪的英国，人们饮用由烈酒和果汁勾兑的混合饮料来庆祝胜利；在禁酒时代的美国，一款被称为“血腥玛丽”的鸡尾酒很流行，这些都是酒吧调酒的最早产品。

现代社会中，鸡尾酒的调制方法也随着人类社会文明的进步而不断发展变化，人们已经总结出了调制鸡尾酒的基本方法，在调酒的过程中对基酒和辅酒的要求，基本上要符合世界各地风土人情，体现各地的特点、文化与文明。

二、调酒师的定义及职业素质要求

（一）调酒师的定义

调酒师是指在酒吧或餐厅等场所，根据传统配方或客人要求，专职配制并销售酒水的工作人员。

（二）调酒师的基本职业素质

调酒师的基本职业素质包括身材与容貌、服饰与打扮、仪表、风度等。

1. 身材与容貌

身材与容貌在服务工作中尤为重要。在人际交往中，好的身材和容貌可使人产生舒适感、亲切感和愉悦感。

2. 服饰与打扮

调酒师的服饰与打扮，体现不同酒吧的独特风格和精神面貌。服饰体现个人仪表，影响客人对整个服务过程的最初与最终印象。打扮是调酒师上岗前自我修饰、完善仪表的一项重要内容。

3. 仪表

仪表即人的外表，注重仪表是调酒师的一项基本素质，调酒师的仪表直接影响客人对酒吧的感受，而且良好的仪表是对客人的尊重。整洁、卫生、规范的仪表，能给客人带来愉悦的心情。

4. 风度

风度是指言谈、举止、态度。调酒师正确的站姿、优雅的步态、优美的动作、丰富的表情、甜美的笑容都会使对客服务锦上添花，从而获得良好的服务效果与服务评价。因此，调酒师行为举止的规范化是酒吧服务的基本要求。

调酒师的风度主要体现为以下两个方面：

（1）站姿。站姿的基本要求是身体直立、端正，双眼平视，身体重心放在两腿中央，挺胸收腹。

（2）语言。作为一名优秀的调酒师，他的声音如同其外表一样重要，与客人沟通必须做到：

①友好：生动的语言给人以和蔼、亲切的印象，使客人感受到调酒师的友善。

②真诚：真诚的话语能体现一名调酒师对客人的关心和尊重。

③清楚：调酒师必须发音清晰并与客人沟通流畅。

④愉快：愉快的腔调容易让客人听得清楚。

⑤语速、语调适宜：调酒师要用不同的声调和语速来表达自己的意思，使客人容易理解。

在职业交往中，语言规范的具体要求是语言简练、使用敬语、语感自然、说话亲切、语速适中、不用忌语，对人说话要用“三声”（招呼声、道别声、询问声）。

（3）倾听。仔细倾听客人所讲，充分理解客人的意图。在听客人讲话时，要集中注意力，注意客人谈论的内容，并要用眼神与客人交流，表示正在聆听客人讲话。不能随便打断客人，要让客人觉得受到尊重。

5. 表情

表情是指从面貌或姿态上表达内心的思想感情。在酒吧服务中，调酒师的表情直接关系到服务质量的高低。

6. 手势

任何一种手势都能独立表达某种意思。但要注意，有些相同的手势，在不同的国家和地区有着完全相反的意思。

7. 步态

步态是一种微妙的语言，它能反映一个人的情绪。调酒师走路时精神饱满、步履矫健，能给客人留下美好的印象。

三、调酒师的职业道德素质

（一）职业道德的基本知识

人类的生活领域大体可以划分为职业生活领域、家族生活领域、公共生活领域，反映这些领域的道德内容，相应的就是职业道德、家族道德、社会道德。

1. 职业道德的基本内涵

职业道德是指从事一定职业劳动的人们，在特定的工作中以其内心和特殊社会手段来维系的，以善恶进行评价的心理意识、行为原则和行为规范的总和，它是人们在从事职业劳动的过程中形成的一种内在的、非强制性的约束机制。

2. 职业道德的特征

职业道德有三个方面的特征：一是范围上的有限性；二是内容上的稳定性和连续性；三是形式上的多样性。

3. 职业道德的特点

中国是一个文明古国，素以“礼仪之邦”享誉世界，在几千年的发展过程中，积累了十分丰富的职业道德遗产，概括起来有以下五个方面的特点：

（1）提倡互助互爱，以人为本；

（2）提倡人伦和谐，同心同德；

（3）提倡见利思义，以义制利；

（4）提倡踏实立业，诚信为本；

（5）提倡自强不息，奋发进取。

4. 职业道德的功能

在市场经济条件下，职业道德具有促进人们的行为规范化，提高企业竞争力的作用。

（1）职业道德是企业文化的重要组成部分。企业文化贯穿于企业生产经营过程的始终，对于社会的进步，企业的发展，企业职工积极性、主动性和创造性的发挥都具有重要的作用和价值。企业文化的功能包括自律功能、导向功能、整合功能、激励功能。

（2）职业道德是事业成功的重要保证和重要条件。没有职业道德的人干不好任何工作，每一个成功的人往往都有较高的职业道德。

（3）职业道德对增强企业凝聚力、竞争力具有重要作用。职业道德是增强企业凝聚力的手段，是协调企业内部关系的法宝。职业道德有利于协调职工与领导、职工与企业之间的关系。

（二）调酒师的道德素质要求

提高调酒师的道德素质是至关重要的，没有良好的道德素质的支持，调酒师的专业知识与技能再娴熟也不能很好地服务于他人。

（1）做人要正直、诚实；

（2）尊重他人；

（3）持续努力，加强自律，富有责任感；

（4）以原则为重，管理下属注重公平，服务客人讲求品质；

（5）平等待客，以礼待人。

（三）调酒师的专业素质要求

调酒师的专业素质是指调酒师的工作意识、专业知识及专业技能。

1．工作意识

（1）角色意识。酒吧服务给人的第一印象最为重要，调酒师的服务质量是决定客人去留的一个重要因素。调酒师的职责包括执行酒吧的规章制度，履行岗位职责，担当代表酒吧的角色。酒吧在提供服务产品、情感产品、行为产品和环境软产品时，会受调酒师心情和技能的制约。如果调酒师的精神处于最佳状态，会生产使客人最为满意的优质服务产品，否则就会向客人推销不合格的服务产品。所以调酒师不能把个人的负面情绪带到服务中去，调酒师要站在客人的角度来考虑应提供的服务。这对调酒师的精神面貌，服饰仪表，服务态度、方式、技巧等方面提出了更高、更严的要求，对调酒师的素质和服务水平也提出了更高的标准。

（2）宾客意识。调酒师的工作对象是人，因此需要有正确的宾客意识。在与人打交道的工作中，没有正确理解工作对象，就不可能有正确的工作态度，工作方法、效果也不可能使客人满意。“顾客就是上帝”，他们的需要就是服务工作的出发点。不断地迎合客人、服务客人，在任何时候、场合都要为客人着想，这是服务工作的基本意识。增强调酒师的宾客意识，就必须增强调酒师的荣誉心与责任感；而要增强荣誉心首先就要学会尊重，只有尊重别人，才会受到别人的尊重。想客人之所想、供客人之所需，而且还应向前推进一步，想在客人所想之前，做在客人所做之前。

（3）服务意识。调酒师必须高度具有服务自觉性，树立“顾客就是上帝”的观念。服务意识具体表现在：

第一，预测并解决或及时到位地解决客人遇到的问题；发生情况时按规范化的服务程序解决；遇到特殊情况，提供专门服务、超常服务，以满足客人合理的特殊需要；不发生不该发生的事故。

第二，为提供优质服务，酒吧必须具有能提供优质服务的调酒师。调酒师必须认识到服务的重要性，从而增强自身的服务意识。

第三，调酒师在对客服务中要注意三个方面的内容：首先，礼貌待客，微笑待人。文明礼貌是调酒师的基本素质，遵循文明礼貌的职业道德规范，必须做到仪表端庄、语言规范、举止得体、待人热情。其次，要诚实守信。调酒师诚实守信的具体要求包括：①忠诚于所属企业，诚实劳动，关心企业发展，遵守合同和契约；②维护企业信誉，树立产品质量意识和服务意识，重视服务质量；③保守企业秘密。最后，办事公平公正。公平公正是指按原则办事、坚持真理、公私分明、光明磊落、不计个人得失。

2. 专业知识

调酒师必须具备一定的专业知识才能准确、完美地服务于客人。一般来讲，调酒师应掌握的专业知识包括：

（1）酒水知识。掌握各种酒的产地、特点、制作工艺、名品及饮用方法，并能鉴别酒的质量、年份等。

（2）原料的贮藏保管知识。了解原料的特性，以及酒吧原料的领用、保管、使用、贮藏知识。

（3）设备、用具知识。掌握酒吧常用设备的使用要求、操作过程及保养方法，以及用具的使用、保管知识。

（4）酒杯知识。掌握酒杯的种类、形状及使用要求、保管知识。

（5）营养卫生知识。了解饮料营养结构、酒水与菜肴的搭配以及操作的卫生要求。

（6）安全防火知识。掌握安全操作规程、注意灭火器的使用范围及要领、掌握安全自救的方法。

（7）酒单知识。掌握酒单的结构，所用酒水的品种、类别以及酒单上酒水的调制方法与服务标准。

（8）酒谱知识。熟练掌握酒谱上每种原料的用量标准、配制方法、用杯及调配程序。

（9）定价知识。掌握酒水的定价原则和方法。

（10）习俗知识。掌握主要客源国的饮食喜好、宗教信仰和风俗习惯等。

（11）英语知识。掌握酒吧服务常用英语、酒吧术语，能用英文说明饮料的特点。

（12）其他相关知识。

3. 专业技能

调酒师的专业技能娴熟不仅可以节省时间，增加客人的信任感与安全感，而且是一种无声广告。熟练的专业技能是快速服务的前提，专业技能的掌握需要通过专业训练和自我锻炼来完成。

（1）设备、用具的操作技能。正确地使用设备和用具，掌握操作程序不仅可以延长设备、用具的使用寿命，也是提高服务效率的保证。

（2）酒具的清洗操作技能。掌握酒具的冲洗、清洗、消毒方法。

(3) 装饰物制作及准备技能。掌握装饰物的切分形状、薄厚、造型等制作要求。

(4) 调酒技能。掌握调酒的动作、姿势等以保证酒水的质量和口味一致。

(5) 沟通技巧。善于发挥信息的传递作用，进行准确、迅速的沟通。同时提高自己的口头和书面表达能力，善于与客人沟通和交谈，能熟练处理客人的投诉。

(6) 计算能力。有较强的经营意识和数学概念，尤其是对价格、成本毛利和盈亏的分析计算，反应要快。

(7) 解决问题的能力。要善于在错综复杂的矛盾中抓住主要矛盾，对紧急事件及客人投诉要有较强的处理能力。

精讲 2 调酒师的工作内容及岗位职责

一、调酒师的工作内容

(一) 准备工作

1. 仪容仪表的准备

调酒师的仪容仪表反映了他的精神面貌，同时也代表酒吧的形象。好的仪容仪表能增强客人对酒吧服务的信心。

2. 个人卫生的准备

调酒师的个人卫生是客人健康的保障，也是客人对酒吧信赖程度的衡量标准。调酒师要定期检查身体，以防止感染病症。健康的身体是酒吧工作最基本的要求，注意个人卫生，养成良好的卫生习惯是对调酒师的基本要求。

3. 酒吧卫生及设备的检查

调酒师进入酒吧后，首先要检查酒吧的照明、空调系统是否正常；室内温度是否符合标准，空气中是否有异味；地面、墙壁、窗户、桌椅要打扫、擦拭干净。接着应对前吧、后吧进行检查。吧台要擦亮，所有镜子、玻璃应光洁无尘；每天开业前应用湿毛巾擦拭一遍酒瓶；检查酒杯是否洁净无垢。检查操作台上酒瓶、酒杯及各种工具、用具是否齐全到位；冷藏设备是否正常工作。如使用饮料配出器，则应检查其压力是否符合标准，如不符合标准应做适当校正。水池内应注满清水，洗涤槽中准备好洗杯刷，调配好消毒液，贮冰槽中加足新冰块。

4. 原料的准备

检查各种酒水饮料的存储量是否都达到标准，如库存不足，则应开领料单领取相应的酒水与饮料，补足操作台的基酒，冷藏柜中的啤酒、白酒、葡萄酒以及贮存柜中的各种无须冷藏的酒类。还应补充纸巾、毛巾等物品。

准备各种饮料配料和装饰物，如打开樱桃与橄榄罐子，切好柑橘、青柠与柠檬，准备好薄荷叶子，削好柠檬皮，准备好各种果汁、调料等。如果条件允许或有必要的话，有些鸡尾酒的配料可以预先调制。

（二）饮料调制

在完成准备工作后，调酒师便可以正式开门迎接客人。调酒师应掌握酒单上各种饮料的服务标准和要求，并熟练掌握相当数量的鸡尾酒及混合饮料的配制方法。如果在工作中遇到客人点陌生的饮料时，调酒师应查阅酒谱，严格按酒谱的要求，做到用料正确、用量精确、点缀装饰合理大方。

（三）吧台工作期间的服务

（1）配料、调酒、倒酒应在客人面前进行，除了让客人欣赏调酒师的服务技巧外，也能让客人喝得放心。

（2）把调好的饮料端送到客人面前，并使用礼貌用语；客人在讲话时，调酒师不能随意插话。

（3）认真对待、礼貌处理客人对饮料服务的意见与投诉。

（4）任何时候都不能出现对客人不耐烦的语言、表情及动作，不可以有催促客人点酒、饮酒等的言语及动作。如果客人对某种饮料不满意，调酒师应立即想办法补救。

（5）为客人调酒时，应用量杯量取所需基酒等。

（6）客人使用过的酒杯，应在三格洗涤槽内进行消毒洗刷，然后倒置在杯架上让其自然干燥，尽量避免用手和毛巾接触酒杯的内壁。

（7）客人的需要就是调酒师服务的目标，调酒师在为客人调配酒水时，应注意客人的习惯与爱好，客人提出特殊要求时，应按客人的要求进行调制，满足客人的合理需求。

（8）酒吧一般都免费供应一些佐酒小食，其目的是刺激客人再消费。因此，调酒师要随时注意客人佐酒小食的变化情况，并及时补充。

（四）酒吧服务结束后的清理工作

酒吧服务结束后应打扫酒吧卫生及清理用具，及时将客人用过的杯具清洗并按要求贮放。桌椅和吧台表面要清扫干净，用过的搅拌器、果汁机等应清洗并放回原位。容易变坏的食品和饮料要妥善贮藏。调酒壶与冰桶洗干净后要开口朝下放好，鲜花应放在冰箱内，电与煤气的开关要关好。

二、调酒师的岗位职责

调酒师要认真完成上级分配的任务，做到客人至上；服从上级的工作安排、调动，凡事先服从后上诉；具体执行上司的工作分配，按规范操作；除上级有其他工作分配外，要坚守工作岗位；留意工作岗位的清洁卫生；保持仪容仪表的整洁，讲究个人卫生；认真做好开台前的准备和收尾工作；细心观察客人的情况，及时提供需求服务；积极参加培训，不断提高业务水平；清楚每天的特别介绍、估清单；对饮食有深刻了解，遵照经营方针工作，按照规定的工作程序做好服务工作；遇到客人投诉时，应立即报告上级处理；客人离去后，尽快清理现场，重新摆设餐台；与各级同事充分协作，为客人提供良好的服务，主动、热情、礼貌、耐心、周到地接待每一位客人；热心指导新入职的员工；负责酒水饮料的供应及吧台卫生工作，熟悉各种酒水饮料的度数、产地类型、价格等；认真履行出库手续，做好出库工作；每天备足当日供应的各种酒水饮料，避免营业期间出现短缺现象；每天要核对票据，清点库存，及时掌握当日酒水饮料消耗量，对库存做到心中有数。

练习题

一、选择题

1. 职业道德是一种（　　）的约束机制。
   A. 强制性　　B. 非强制性　　C. 随意性　　D. 自发性
2. 市场经济条件下，职业道德最终将对企业起到（　　）的作用。
   A. 决策科学化　　B. 提高竞争力　　C. 决定经济利益　　D. 决定前途与命运
3. 下列选项中属于企业文化功能的是（　　）。
   A. 整合功能　　B. 技术培训功能
   C. 科学研究功能　　D. 社交功能
4. 下列选项中属于职业道德作用的是（　　）。
   A. 增强企业的凝聚力　　B. 增强企业的离心力
   C. 决定企业的经济效益　　D. 增强企业员工的独立性
5. 在市场经济条件下，职业道德具有（　　）的社会功能。
   A. 鼓励人们自由选择职业　　B. 遏制牟利
   C. 促进人们的行为规范化　　D. 最大限度地防止人们受利益驱动
6. 在企业的经营活动中，下列选项中的（　　）不是职业道德功能的表现。
   A. 激励作用　　B. 决策能力　　C. 规范行为　　D. 遵纪守法
7. 为了促进企业的规范化发展，需要发挥企业文化的（　　）功能。
   A. 娱乐　　B. 主导　　C. 决策　　D. 自律
8. 职业道德通过（　　）起着增强企业凝聚力的作用。
   A. 协调员工之间的关系　　B. 增加职工福利
   C. 为员工创造发展空间　　D. 调节企业与社会的关系

9. 对待职业和岗位，（　　）并不是爱岗敬业所要求的。

A. 树立职业理想　　B. 干一行爱一行专一行

C. 遵守企业的规章制度　　D. 一职定终身，不改行

10. 市场经济条件下，（　　）不违反职业道德规范中关于诚实守信的要求。

A. 通过诚实合法劳动，实现利益的最大化

B. 打入对手内部，增强竞争优势

C. 根据服务对象来决定是否遵守承诺

D. 凡有利于增大企业利益的行为就做

11. 正确阐述职业道德与事业的关系的选项是（　　）。

A. 没有职业道德的人不会获得成功

B. 要取得事业的成功，前提条件是要有职业道德

C. 事业成功的人往往并不需要较高的职业道德

D. 职业道德是获得事业成功的重要条件

12. 下列关于诚实守信的认识和判断中，正确的选项是（　　）。

A. 一贯的诚实守信是不明智的行为

B. 诚实守信是维持市场经济秩序的基本法则

C. 是否诚实守信要视具体对象而定

D. 追求利益最大化原则高于诚实守信

二、判断题

（　　）1. 事业成功的人往往具有较高的职业道德。

（　　）2. 职业道德不倡导人们的牟利最大化观念。

（　　）3. 企业文化对企业具有整合的功能。

（　　）4. 向企业员工灌输的职业道德太多，容易使员工产生谨小慎微的观念。

（　　）5. 调酒师的专业素质是指调酒师的服务意识、专业知识及专业技能。

（　　）6. 调酒师应具有“顾客即我”的宾客意识。

模块 2

法律知识

精讲 1 《劳动法》

一、劳动法的概念与基本原则

1. 劳动法的概念

劳动法是指调整劳动关系（包括直接劳动关系与间接劳动关系）的法律规范的总称。它包括国家最高权力机关颁布的劳动法，还包括调整劳动关系的法律、法规。《中华人民共和国劳动法》是我国调整劳动关系的基本法律，是制定其他劳动法律规范的依据。

1994 年 7 月 5 日，全国人大常委会通过了《中华人民共和国劳动法》（以下简称《劳动法》），并于 1995 年 1 月 1 日起开始施行。

2. 《劳动法》的基本原则

《劳动法》的基本原则贯穿于整个《劳动法》之中，是具有普遍指导作用的基本准则。包括以下内容：

（1）公民有劳动的权利与义务；

（2）劳动者要改进劳动组织，不断提高劳动生产率；

（3）劳动者各尽所能，按劳分配，在发展生产的基础上用人单位提高劳动报酬和福利待遇；

（4）劳动者享有休息和劳动保护的权利；

（5）劳动者有获得物质帮助的权利；

（6）劳动者具有遵守劳动纪律的义务；

（7）劳动者具有集会结社的自由和参加民主管理的权利；

（8）在劳动方面，男女平等，民族平等。

二、关于劳动合同制

所谓劳动合同制，就是以合同的形式明确用人单位和劳动者个人的权利与义务，实现劳动者与生产资料科学结合起来的方式。这是确立社会主义劳动关系，适应社会主义市场经济发展需要的一项重要的劳动法律制度。

（一）劳动合同是建立劳动力市场的重要条件

培育和发展劳动力市场，可以建立劳动力的社会调节机制，调整企事业单位、国家机关、社会团体、个人经济组织等用人单位的劳动力供求关系，以满足社会主义生产和个人生活的需要。

劳动合同制从法律上规范了用人单位和劳动者的行为。劳动合同当事人在规定的条件和范围内活动，任何一方都不能超越合同的约束。因此，推行劳动合同制，为培育和发展劳动力市场，建立统一、开放、公平和规范的劳动力市场运行机制创造了有利条件。从社会用工的实际情况来看，劳动合同制已经初步显示出它在这方面的作用。

（二）劳动合同制有利于保障用人单位和劳动者双方的合法权益

劳动合同制保障了用人单位和劳动者双方的合法权益，加重了双方责任，从而有利于提高劳动生产率，在劳动用工上实现了由法律、经济、行政三种手段相结合的按劳动管理方式。用人单位与劳动者在平等自愿的基础上，按照国家有关法律、法规，通过签订劳动合同，明确双方的权利与义务，使双方平等地处于法律的监督和保护之下。用人单位和劳动者按劳动合同规定履行各自的义务，享受应有的权利。任何一方违约侵害另一方权益的，都要承担经济或法律责任。对用人单位来说，这可以促使其加大对职工的吸引力，以保持职工队伍的相对稳定。对劳动者来说，在现阶段，劳动还是谋生的手段，不劳动者不得食，多劳多得，少劳少得；而且每个劳动者的劳动所得与职业或岗位相联系，劳动者若想获得某种岗位或继续从事理想的某种职业，必须具备该岗位或职业所要求的各种条件，才能在与具备这些条件的劳动者的竞争中获胜。这种竞争压力必将促使劳动者勤奋学习，努力钻研业务，不断提高技术水平。两个方面的努力结果，必将促进劳动生产率的提高。

（三）实行劳动合同制是加强劳动法制的需要

劳动合同的基本内容是规定用人单位和劳动者双方的劳动权利和义务。在不违背国家法律的前提下，劳动合同一经签订，即具有法律效力，成为双方必须遵守的行为准则，违者要承担经济或法律责任。在现代法制社会里，用人单位与劳动者之间存在错综复杂的利益关系，只有用法律手段才能有效地加以规范，劳动合同制就是行之有效的法制手段之一。劳动合同制的实施，是我国劳动制度现代化和法制化的一大成果，必将对我国的改革和建设事业产生积极的影响。

三、劳动合同的种类、订立、变更与解除

（一）劳动合同的种类

劳动合同按照合同期限分为三大类：固定期限劳动合同、无固定期限劳动合同、以完成一定的工作为期限的劳动合同。

1. 固定期限劳动合同

此类劳动合同明确规定了合同的起始与终止时间。

2. 无固定期限劳动合同

此类劳动合同只规定了合同的起始日期，没有注明合同的终止日期，但规定了解除合同的条件，这种条件一旦具备，合同即终止。劳动者在同一用人单位连续工作满十年以上，当事人双方同意续延劳动合同时，如果劳动者提出订立无固定期限劳动合同的，应当订立无固定期限劳动合同。这种规定是防止用人单位只雇用青壮年职工而随意解雇老年职工。

3. 以完成一定的工作为期限的劳动合同

此类劳动合同是将完成某项工作或工程的时间作为劳动合同的起始与终止的条件。工作开始之日是合同生效之日，工作完成之日是合同终止之日。集体劳动合同是由工会代表职工（没有建立工会的，由职工推举代表）与企业就劳动报酬、工作时间、休息休假、劳动安全、保险福利等事项经过协商一致，签订的书面协议。集体劳动合同制度有利于充分发挥工会的积极性，从整体上维护劳动合法权益。

（二）劳动合同的订立程序、内容、原则、变更及解除

1. 劳动合同的订立程序

根据我国《劳动法》有关规定，订立劳动合同要经过要约和承诺两个阶段。要约是由提出合同建议的一方提出的，承诺是表示另一方完全接受，承诺后合同即告成立。用人单位公布招工简章或就业规则，确定被要方；被要方自愿报名，提交证明文件；用人单位对被要方全面考核，择优录用；当事人双方依法就劳动合同的条款经过协商，取得一致意见，经双方签名盖章，劳动合同即告成立。按照《劳动法》有关规定，经当事人双方同意，需要办理公证的，应当到当地公证处办理公证手续。此外，国家规定签订劳动合同须经签证手续的，应经有关部门签证。

2. 劳动合同的内容

劳动合同的内容包括生产上应当达到的数量指标、质量指标，或者应完成的任务；试用期限、合同期限；生产、工作条件；劳动报酬和保险、福利待遇；劳动纪律；劳动合同终止的条件；违反劳动合同者应当承担的责任；双方认为应当规定的其他事项。

3. 订立合同的原则

（1）平等自愿的原则。所谓平等，是指当事人双方以平等的身份订立劳动合同；所谓自愿，是指订立劳动合同完全出于当事人自己的意志。这项原则要求劳动合同的内容必须真实地反映当事人双方的意志。

（2）协商一致的原则。协商一致，是指当事人双方在充分表达自己意志的基础上，经过平等协商，取得一致意见，签订劳动合同。如果是通过胁迫、欺诈等手段签订的劳动合同，或利用他方（通常是劳动者一方）急迫、轻率、缺乏必要的知识和经验等弱点而与其订立的劳动合同，显然违背了这一原则，因而是无效的劳动合同。

（3）依法订立的原则。依法订立主要包括三个方面的含义：①订立合同目的要合法；②订立合同主体要合法；③订立合同内容要合法。

4. 劳动合同的变更

劳动合同的变更主要指劳动合同的内容发生变化，不包括当事人的变化。根据《劳动法》有关规定和劳动合同的实践，劳动合同变更的条件包括：当事人双方同意变更，并不因此损害国家利益；由于不可抗力或紧急情况而单方面变更劳动合同；依据企业经营需要或所依据的法规已经修改；因企业转产，调整生产任务而变更劳动合同的有关内容。

劳动合同的变更要经过三个步骤：第一，及时提出变更劳动合同的要求，并说明变更劳动合同的原因、内容及请求对方答复的期限；第二，当事人一方得知另一方提出变更劳动合同的要求，应在对方规定的期限内做出是否同意的答复；第三，当事人双方变更劳动合同的内容经过协商，取得一致意见，应当达成变更劳动合同的书面协议，经双方签字盖章后生效。

5. 劳动合同的解除

劳动合同的解除是指劳动合同期限未满，由于出现某种情况，当事人双方提前终止劳动合同的法律效力，解除双方权利和义务关系。劳动合同的解除可以是单方面解除，也可以是双方解除，但都须遵守一定的规则。

劳动者解除劳动合同，应当提前三十日以书面形式通知用人单位。《劳动法》第三十二条规定，劳动者有下列情形之一的，劳动者可以随时通知用人单位解除劳动合同：在试用期内的；用人单位以暴力、威胁或者非法限制人身自由的手段强迫劳动的；用人单位未按照劳动合同约定支付劳动报酬或者提供劳动条件的。

《劳动法》第二十五条规定，劳动者有下列情形之一的，用人单位可以解除劳动合同：在试用期间被证明不符合录用条件的；严重违反劳动纪律或者用人单位规章制度的；严重失职，营私舞弊，对用人单位利益造成重大损害的；被依法追究刑事责任的。

《劳动法》第二十六条规定，劳动者有下列情形之一的，用人单位可以解除劳动合同，但是应当提前三十日以书面形式通知劳动者本人：劳动者患病或非因工负伤，医疗期满后，不能从事原工作也不能从事由用人单位另行安排的工作的；劳动者不能胜任工作，经过培训或者调整工作岗位，仍不能胜任工作的；劳动合同订立时所依据的客观情况发生重大变化，致使原劳动合同无法履行，经当事人协商不能就变更劳动合同达成协议的。

但有下列情形之一的，用人单位不得解除劳动合同：患职业病或因工负伤被确认丧失或部分丧失劳动能力的；患病或负伤并在规定的医疗期内的；女职工在孕期、产期、哺乳期内的；法律、行政法规规定的其他情形。

精讲 2 《价格法》

一、《价格法》的公布和实施日期

1997 年 12 月 29 日，第八届全国人民代表大会常务委员会第二十九次会议通过了《中华人民共和国价格法》（以下简称《价格法》），并于 1998 年 5 月 1 日起施行。

二、《价格法》有关规定

《价格法》第十五条规定，各类中介机构提供有偿服务收取费用，应当遵守本法的规定。法律另有规定的，按照有关规定执行。

《价格法》第十六条规定，经营者销售进口商品，收购出口商品，应当遵守本章的有关规定，维护国内市场秩序。

《价格法》第十七条规定，行业组织应当遵守价格法律、法规，加强价格自律，接受政府价格主管部门的工作指导。

《价格法》第十八条规定，下列商品和服务价格，政府在必要时可以实行政府指导价或政府定价：

（一）与国民经济发展和人民生活关系重大的极少数商品价格；

（二）资源稀缺的少数商品价格；

（三）自然垄断经营的商品价格；

（四）重要的公用事业价格；

（五）重要的公益性服务价格。

《价格法》第十九条规定，政府指导价、政府定价的定价权限和具体适用范围，以中央的和地方的定价目录为依据。

中央定价目录由国务院价格主管部门制定、修订，报国务院批准后公布。

地方定价目录由省、自治区、直辖市人民政府价格主管部门按照中央定价目录规定的定价权限和具体适用范围制定，经本级人民政府审核同意，报国务院价格主管部门审定后公布。

省、自治区、直辖市人民政府以下各级地方人民政府不得制定定价目录。

《价格法》第二十条规定，国务院价格主管部门和其他有关部门，按照中央定价目录规定的定价权限和具体适用范围制定政府指导价、政府定价；其中重要的商品和服务价格的政府指导价、政府定价，应当按照规定经国务院批准。

省、自治区、直辖市人民政府价格主管部门和其他有关部门，应当按照地方定价目录规定的定价权限和具体适用范围制定在本地区执行的政府指导价、政府定价。

市、县人民政府可以根据省、自治区、直辖市人民政府的授权，按照地方定价目录规定的定价权限和具体适用范围制定在本地区执行的政府指导价、政府定价。

《价格法》第二十一条规定，制定政府指导价、政府定价，应当依据有关商品或者服务的社会平均成本和市场供求状况，国民经济与社会发展要求以及社会承受能力，实行合理的购销差价、批零差价、地区差价和季节差价。

《价格法》第二十二条规定，政府价格主管部门和其他有关部门制定政府指导价、政府定价，应当开展价格、成本调查，听取消费者、经营者和有关方面的意见。

精讲 3 《食品卫生法》及《公共场所卫生管理条例实施细则》

一、《食品卫生法》

（一）《食品卫生法》的实施时间与立法宗旨

1995年10月30日，第八届全国人大常委会第十六次会议通过了《中华人民共和国食品卫生法》（以下简称《食品卫生法》），并于当日起开始施行。

食品卫生法是为了保证食品卫生，防止食品污染和有害因素对人体的危害，保障人民身体健康，增强人民体质的法律规范的总称。它是我国食品卫生的基本法律，是制定其他有关食品卫生规范的法律依据。它既包括国家最高权力机关颁布的《食品卫生法》，也包括其他调整食品卫生关系的法律、法规。

保障人民身体健康，增强人民体质是我国《食品卫生法》的立法宗旨。

（二）《食品卫生法》的主要内容

《食品卫生法》的主要内容包括总则；食品的卫生；食品添加剂的卫生；食品容器、包装材料和食品用工具、设备的卫生；食品卫生标准和管理办法的制定；食品卫生管理；食品卫生监督；法律责任等。

（三）食品卫生管理的主要内容

（1）食品生产经营管理部门应当加强食品卫生管理工作，并对执行情况进行检查。应当鼓励和支持食品加工工艺，促进提高食品卫生质量。

（2）食品生产经营企业应当健全本单位的食品卫生管理制度，配备专职或兼职食品卫生管理人员，加强对所生产经营食品的检验工作。

（3）食品生产经营企业的新建、扩建、改建工程的选址和设计应当符合卫生要求，其设计审查和工程验收必须有卫生行政部门参加。

（4）利用新资源生产的食品、食品添加剂的新品种，生产经营企业在投入生产前，必须提出该产品卫生评价和营养评价所需的资料；利用新的原材料生产的食品容器、包装材料和食品用工具、设备的新品种，生产经营企业在投入生产前，必须提出该产品卫生评价所需的资料。

（5）定型包装食品和食品添加剂，必须在包装标识或产品说明书上根据产品的类别分别按照规定标出品名、产地、厂名、生产日期、批号或代号、规格、配方或主要成分、保质期限、食用或使用方法等。食品、食品添加剂的产品说明书，不得有夸大或虚假的宣传内容。食品包装标识必须清楚，容易辨识。在国内市场销售的食品，必须有中文标识。

（6）表明具有特定保健功能的食品，其产品及说明书必须报国务院卫生行政部门审批，其卫生标准和生产经营管理办法，由国务院卫生行政部门制定。

（7）食品、食品添加剂和专用于食品的容器、包装材料及其用具，其生产者必须按照卫生标准和卫生管理办法实施检验，合格后方可出厂或销售。

（8）食品生产经营人员每年必须进行健康检查；新参加工作和临时参加工作的食品生产经营人员必须进行健康检查，取得健康证明后方可参加工作。凡患有痢疾、伤寒、病毒性肝炎等消化道传染病（包括病原携带者），活动性肺结核，化脓性或渗出性皮肤病以及其他有碍食品卫生的疾病的，不得参加接触直接入口食品的工作。

（9）城乡集市贸易的食品卫生管理工作由工商行政管理部门负责，食品卫生监督检验工作由卫生行政部门负责。

（10）食品生产经营企业和食品摊贩，必须先取得卫生行政部门发放的卫生许可证方可向工商行政管理部门申请登记。未取得卫生许可证的，不得从事食品生产经营活动。食品生产经营者不得伪造、涂改、出借卫生许可证。

（11）各类食品市场的举办者应当负责市场卫生管理工作，并在市场内设置必要的公共卫生设施，保持良好的环境卫生状况。

（12）进口食品、食品添加剂、食品容器材料和食品用工具、设备必须符合国家卫生标准和卫生管理办法的规定。进口上述产品，由口岸进口食品卫生监督检验机构进行卫生监督、检验，检验合格的方准进口。

（13）进口食品由国家进出口商品检验部门进行卫生监督、检验。海关凭国家进出口商品检验部门出具的证书放行。

二、《公共场所卫生管理条例实施细则》

《公共场所卫生管理条例实施细则》（以下简称《条例》）第五条：

公共场所从业人员健康检查的规定：

（一）旅店业、咖啡馆、酒吧、茶座、公共浴室、理发店、美容店、游泳场直接为顾客服务的从业人员（包括临时工）每年进行一次健康检查，其他场所直接为顾客服务的从业人员每两年进行一次健康检查，取得“健康合格证”后方可继续上岗工作。

新参加工作的人员上岗前须取得“健康合格证”。

（二）公共场所主管部门负责健康检查的组织安排并督促检查工作。经营单位每年向所在地卫生防疫机构提交应进行健康检查的人员名单，并根据健康检查的结果，对患有《条例》第六条规定的疾病和其他传染性疾病者应调离其直接为顾客服务的工作岗位。

（三）各级卫生行政部门、医疗单位承担健康检查工作。健康检查应统一要求与标准，认真记录，建立档案。医疗卫生单位在健康检查两周内应向受检单位发出健康检查结果报告，合格者由卫生防疫机构发给“健康合格证”。

（四）“健康合格证”不得涂改、转让、倒卖、伪造。

（五）健康检查项目按卫生部颁发的有关预防性体检管理办法执行。

《条例》第六条：

按疾病卫生管理标准，有以下症状者，治愈后方可恢复原工作：

（一）病毒性肝炎患者经系统治疗后基本痊愈者；乙肝患者肝功能恢复正常，但乙型肝炎表面抗原阳性，需经六个月观察无恶化者；

（二）痢疾（包括阿米巴痢疾、细菌痢疾）经治疗临床症状和体征消失，粪便培养阴性，停药后两周内粪便培养三次阴性者；

（三）伤寒临床症状消失，粪便连续培养三次阴性者可从事不直接为顾客服务的工作。经卫生防疫机构进行观察，第二年粪便检查连续两次培养阴性者；

（四）活动性肺结核和痰带菌者应隔离治疗，痰培养阴性或一周内连续痰涂片两次阴性；

（五）化脓性皮肤病、渗出性皮肤病及接触性传染的皮肤病患者；

（六）其他有碍公共卫生的疾病（重症沙眼、急性出血性结膜炎、性病等）。

《条例》第七条：

“卫生许可证”发放管理规定：

（一）“卫生许可证”由县以上卫生行政部门签发，由各级卫生防疫机构负责发放管理。

（二）经卫生防疫机构进行审查监测确定主要卫生指标符合卫生要求，80%以上直接为顾客服务的从业人员卫生知识培训合格的经营单位方可取得“卫生许可证”。

（三）对经营多种公共场所的单位只发一个“卫生许可证”，并注明其兼营项目，因违法而需注销其中某个经营项目时，在“卫生许可证”的相应处加盖注销章，被注销经营项目的单位经卫生监督部门监测认定合格后，可申请恢复被注销的经营项目，并换发新证。

（四）“卫生许可证”发放程序：①申领“卫生许可证”的单位到所属卫生防疫机构领取并填写“公共场所卫生许可申请书”，经主管部门审核后送卫生防疫机构。②卫生防疫机构委派监督员按卫生标准和要求进行审查和监测，对符合要求的单位发给由卫生行政部门签发的“卫生许可证”；对审查、监测的资料应存档备查。③新建、扩建、改建公共场所或变更营业项目的应按上述程序申领“卫生许可证”。

（五）“卫生许可证”每两年复核一次。填写“卫生许可证”应用墨笔，字迹要清楚，单位名称要写全称。并将“卫生许可证”悬挂在明显的地方，以便监督检查。“卫生许可证”不得涂改、转让、倒卖、伪造。

（六）申请开业的公共场所经营单位经卫生防疫机构审查监测后确定不符合卫生要求者，应采取改善措施，达到卫生要求后发给“卫生许可证”。卫生行政部门应自卫生防疫机构接到“公共场所卫生许可申请书”次日起的两个月内，对审查合格者签发“卫生许可证”。

（七）遗失“卫生许可证”者应及时到发证机关报失补领，歇业单位应到发证机关注销“卫生许可证”。

精讲 4 《反不正当竞争法》

一、《反不正当竞争法》的公布和实施日期

《中华人民共和国反不正当竞争法》（以下简称《反不正当竞争法》）于 1993 年 9 月 2 日由第八届全国人民代表大会常务委员会第三次会议通过并公布，自 1993 年 12 月 1 日起实施。

二、《反不正当竞争法》的立法目的

《反不正当竞争法》第一条明确规定：“为保障社会主义市场经济健康发展，鼓励和保护公平竞争，制止不正当竞争行为，保护经营者和消费者的合法权益，制定本法。”此法最直接的目的就是制止不正当竞争行为。

三、不正当竞争行为的概念及其主要表现

不正当竞争行为是指经营者在市场交易中，直接或间接损害其他经营者的合法权益，扰乱社会经济秩序的行为。

根据《反不正当竞争法》的规定，下列行为属于不正当竞争行为：

（1）经营者采用不正当手段从事市场交易，损害竞争对手的行为。这些行为又可细分为以下几种：

①假冒他人的注册商标；

②擅自使用知名商标特有的名称、包装、装潢，或者使用与知名商品近似的名称、包装、装潢，造成和他人的知名商品相混淆，使购买者误以为是该产品；

③擅自使用他人的企业名称或者姓名，使人误以为是他人的商品；

④在商品上伪造或者冒用认证标识、名优标识等质量标识，伪造产地，对商品质量作引人误解的虚假表示。

（2）公用企业或者其他依法具有独占地位的经营者，限定他人购买其指定的经营者的商品，以排挤其他经营者的公平竞争的行为。

（3）政府及其所属部门滥用行政权力，限定他人购买其指定的经营者的商品，限定其他经营者正当的经营活动，或者限制商品在地区之间正常流通的行为。

（4）经营者采用赠送财物或者其他手段进行贿赂以销售或者购买商品的行为。

（5）经营者利用广告或者其他方法，对商品的质量、制作成分、性能、用途、生产者、有效期限、产地等作引人误解的虚假宣传的行为。

（6）经营者采用不正当手段侵犯商业秘密的行为，主要包括以下几个方面：

①以盗窃、利诱、胁迫或者其他不正当手段获取权利人的商业秘密；

②披露、使用或者允许他人使用以前项手段获取的权利人的商业秘密；

③违反约定或者违反权利人有关保守商业秘密的要求，披露、使用或者允许他人使用其所掌握的商业秘密。第三人明知或者应知上述违法行为，仍然获取、使用或者披露他人的商业秘密，应视为侵犯商业秘密。

（7）经营者以排挤竞争对手为目的，以低于成本的价格销售商品的行为，但属于下列情况之一的除外：

①销售鲜活商品；

②处理即将到期的商品或者积压商品；

③季节性降价；

④因清偿债务、转产、歇业降价销售商品。

（8）经营者违背购买者的意志搭售商品或者附加其他不合理条件销售商品的行为。

（9）经营者从事下列有奖销售的行为：

①采用谎称有奖或者故意让内定人员中奖的欺骗方式进行有奖销售；

②利用有奖销售的手段推销质次价高的商品；

③抽奖式的有奖销售，最高奖励的金额超过五千元。

（10）经营者捏造、散布虚伪事实，损害竞争对手的商业信誉、商品声誉的行为。

（11）投标者串通投标，抬高标价或者压低标价的行为。

四、不正当竞争行为的监督、检查和法律责任

1. 对不正当竞争行为的监督与检查

（1）县级以上的监督检查部门对不正当竞争行为可以进行监督检查。

（2）监督检查部门在检查不正当竞争行为时有如下职权：

①按照规定程序询问被检查的经营者、利害关系人、证明人，并要求提供材料或者与不正当竞争行为有关的其他资料；

②查询、复制与不正当竞争行为有关的协议、账册、单据、文件、记录、业务函电和其他资料；

③检查与前面所提到的不正当竞争行为有关的财物，必要时可以责令被检查的经营者说明该商品的来源和数量，暂停销售、听候检查，不得转移、隐藏、销毁该财物。

（3）监督检查部门在监督检查不正当竞争行为时，应出示检查证件。

（4）监督检查部门在监督检查不正当竞争行为时，被检查的经营者、利害关系人和证明人应当如实提供有关资料或说明情况。

2. 不正当竞争行为者应承担的法律责任

经营者实施不正当竞争行为，应承担必要的法律责任。被侵犯的经营者的合法权益受到不正当竞争行为损害的，可以向人民法院提起诉讼。

经营者的不正当竞争行为应承担的法律责任包括以下几个方面：

（1）经营者的不正当竞争行为给其他经营者造成损害的，应当承担损害赔偿责任。被侵害的经营者的损失难以计算的，赔偿额为侵权人在侵权期间因侵权所获得的利润，并应当承担被侵害的经营者因调查该经营者侵害其合法权益的不正当竞争行为所支付的合理费用。

（2）经营者假冒他人的注册商标，擅自使用他人的企业名称或者姓名，伪造或者冒用认证标识、名优标识等质量标识，伪造产地，对商品质量作引人误解的虚假表示的，按《中华人民共和国商标法》《中华人民共和国产品质量法》的规定进行处罚。

（3）经营者擅自使用知名商品特有的名称、包装、装潢，或者使用与知名商品近似的名称、包装、装潢，造成和他人的知名商品相混淆，使购买者误以为是该知名商品的，监督检查部门应责令其停止违法行为，没收违法所得，并根据情节处以违法所得一倍以上三倍以下的罚款；情节严重的，可以吊销营业执照。销售伪劣商品，构成犯罪的，依法追究刑事责任。

（4）经营者采用财物或者其他手段进行贿赂以销售或者购买商品，在账外暗中给予对方单位或者个人回扣的，以行贿论处；对方单位或个人在账外暗中收受回扣的，以受贿论处。构成犯罪的，依法追究刑事责任；不构成犯罪的，监督检查部门可以根据情节处以一万元以上二十万元以下的罚款，有违法所得的，予以没收。

（5）公用企业或者其他依法具有独占地位的经营者，限定他人购买其指定的经营者的商品，以排挤其他经营者的公平竞争的，省级或者设区的市的监督检查部门应责令其停止

违法行为，并根据情节处以五万元以上二十万元以下的罚款。政府及其所属部门利用权力，限定他人购买其指定的经营者的商品，限制其他经营者正当的经营活动，或者限制商品在地区之间正常流通的，由上级机关责令其改正；情节严重的，由同级或上级机关对直接责任人员给予行政处分。上述被指定的经营者借此销售质次价高商品或者滥收费用的，监督检查部门应当没收违法所得，并根据情节处以违法所得一倍以上三倍以下的罚款。

（6）经营者利用广告或者其他方法，对商品作引人误解的虚假宣传的，监督检查部门应当责令其停止违法行为，消除影响，并根据情节处以一万元以上二十万元以下的罚款。

（7）侵犯商业秘密的，监督检查部门应责令其停止违法行为，并根据情节处以一万元以上二十万元以下的罚款。

（8）经营者进行违法有奖销售的，监督检查部门应当责令其停止违法行为，并根据情节处以一万元以上十万元以下的罚款。

（9）投标者串通投标，抬高标价或者压低标价；投标者和招标者相互勾结，排挤竞争对手公平竞争的，其中标无效。监督检查部门可以根据情节处以一万元以上二十万元以下的罚款。

（10）经营者因发生不正当竞争行为被责令暂停销售的，不得转移、隐匿、销毁与不正当竞争行为有关的财物。如有违反，监督检查部门可以根据情节处以被销售、转移、隐匿、销毁账务的一倍以上三倍以下的罚款。

精讲 5 《消费者权益保护法》

一、《消费者权益保护法》的公布和实施日期

1993 年 10 月 31 日，第八届全国人民代表大会常务委员会第四次会议通过了《中华人民共和国消费者权益保护法》（以下简称《消费者权益保护法》），并于 1994 年 1 月 1 日起实施。

二、《消费者权益保护法》的立法宗旨

协调个体营利性和社会公益性的矛盾，兼顾效率与公平，以推动经济的稳定增长，保障社会公共利益和基本人权，从而推动经济与社会的良性运行和协调发展。《消费者权益保护法》第一条明确规定了该法的立法宗旨是保护消费者的合法权益，维护社会经济秩序，促进社会主义市场经济的健康发展。

三、《消费者权益保护法》的基本原则

《消费者权益保护法》的基本原则包括：第一，尊重和保障人权原则；第二，保障社

会经济秩序原则；第三，依法进行交易原则。《消费者权益保护法》第三条到第六条分别规定了该法的四项原则：经营者应当依法提供商品或服务的原则；经营者与消费者进行交易应当遵循自愿、平等、公平、诚实、信用的原则；国家保护消费者的合法权益不受侵犯的原则；一切组织和个人对损害消费者合法权益的行为进行社会监督的原则。

四、消费者的权利与经营者的义务

1. 消费者的权利

《消费者权益保护法》规定了消费者的权利。依据该法的规定，消费者的权利主要包括：

（1）保障安全权。保障安全权是消费者最基本的权利。它是消费者在购买使用商品和接受服务时所享有的保障其人身、财产安全不受损害的权利。由于消费者取得商品和服务是用于生活消费，因此，商品和服务必须绝对安全可靠，必须绝对保证商品和服务的质量不会损害消费者的生命健康和财产。

（2）知悉真情权。知悉真情权是指消费者享有知悉其购买、使用的商品或者接受的服务的真实情况的权利。

（3）自主选择权。自主选择权是指消费者享有的自主选择商品或者服务的权利，它包括：①自主选择提供商品或者服务的经营者的权利；②自主选择商品品种或者服务方式的权利；③自主决定购买或者不购买任何一种商品、接受或者不接受任何一项服务的权利；④在自主选择商品或服务时所享有的进行比较、鉴别和挑选的权利。

（4）公平交易权。消费者享有公平交易的权利，该权利是指消费者在购买商品或接受服务时所享有的获得质量保障和价格合理、计量正确等公平交易条件的权利。

（5）依法求偿权。依法求偿权是指消费者在因购买、使用商品，接受服务受到人身、财产损害时，享有的依法获得赔偿的权利。依法求偿权是弥补消费者所受损害的必不可少的经济性权利。

（6）依法结社权。依法结社权是指消费者享有的依法成立维护自身合法权益的社会团体的权利。

（7）求教获知权。求教获知权，或称受教育权、获取知识权，是从知悉真情权中引申出来的一种消费者权利。它指的是消费者所享有的获得有关消费和消费者权益保护方面的知识的权利，保障这一权利的目的是使消费者更好地掌握所需商品或服务的知识和使用技能，以使其正确使用商品，提高自我保护意识。

（8）维护尊严权。维护尊严权是指消费者在购买、使用商品和接受服务时所享有的其人格尊严、民族风俗习惯得到尊重的权利，这也是尊重和保障人权的重要内容。

（9）监督批评权。依据《消费者权益保护法》的规定，消费者享有对商品和服务以及保护消费者权益工作进行监督的权利。

2. 经营者的义务

由于经营者是为消费者提供其生产、销售的商品或服务的市场主体，是与消费者直接进行交易的另一方，所以，依据《消费者权益保护法》第三章的规定，在保护消费者权益方面，经营者负有下列义务：第一，履行法定和约定义务。经营者向消费者提供商品或者服务，应当依照《中华人民共和国产品质量法》和其他有关法律、法规履行义务。第二，听取意见和接受监督。第三，保障消费者的人身和财产安全。这是与消费者享有的保障安全权相对应的经营者的义务。第四，不作虚假宣传。经营者应当向消费者提供有关商品或者服务的真实信息，不得作引人误解的虚假宣传，否则即构成侵犯消费者权益的行为和不正当竞争行为。第五，出具相应的凭证和单据。第六，提供符合要求的商品或服务。经营者应当在正常使用商品或者提供服务的情况下说明其提供的商品或者服务应当具有的质量、性能、用途和有效期限。第七，不得从事不公平、不合理的交易。第八，不得侵犯消费者的人身权。经营者不得对消费者进行侮辱、诽谤，不能搜查消费者的身体及其携带的物品，不得侵犯消费者的人身自由。

练习题

一、选择题

1.（　　）是企业诚实守信的内在要求。

A. 维护企业信誉　　B. 增加职工福利

C. 注重经济效益　　D. 开展员工培训

2. 下列事项中属于办事公道的是（　　）。

A. 顾全大局，一切听从上级　　B. 大公无私，拒绝亲戚求助

C. 知人善任，努力培养知己　　D. 坚持原则，不计个人得失

3. 下列关于勤劳节俭的论述中，不正确的选项是（　　）。

A. 企业可提倡勤劳，但不宜提倡节俭　　B. “一分钟应看成八分钟”

C. 勤劳节俭符合可持续发展的要求　　D. “节省一块钱就等于净赚一块钱”

4. 根据《劳动法》第三十二条的规定，如用人单位以暴力手段强迫劳动者，则劳动者（　　）通知用人单位解除劳动合同。

A. 可以随时　　B. 必须提前20天以电话形式

C. 必须提前60天以书面形式　　D. 必须提前30天以电话形式

5. 在下列情形中，用人单位可以解除劳动合同，但是应当提前30天以书面形式通知劳动者本人的是（　　）。

A. 劳动者因工负伤被确认丧失劳动能力

B. 劳动者因患职业病被确认丧失劳动能力

C. 女职工在孕期、产期内

D. 用人单位被撤销

6. 经营者（　　）的基本依据包括生产经营成本和市场供求状况。

A. 定价　B. 运输商品　C. 进口商品　D. 出口商品

7. 经营者（　　）消费者的身体及其携带的物品。

A. 可以有限度地搜查　B. 可以委托企业内部的保安搜查

C. 认为有必要，可以随意搜查　D. 不得搜查

8. 一切组织和个人都可以对损害消费者合法权益的行为进行（　　）。

A. 仲裁、处罚　B. 法律监督　C. 罚款　D. 社会监督

9. “卫生许可证”由（　　）签发。

A. 县级以上卫生行政部门　B. 省级的甲等医院

C. 乡镇级的医院　D. 二级以上的医院

10. 如果用人单位解散或破产，则用人单位可以解除劳动合同，但是应当提前（　　）日以书面形式通知劳动者本人。

A. 10　B. 30　C. 7　D. 5

11. 经营者定价的基本依据是（　　）。

A. 产品的产地和规格　B. 所提供服务的项目种类

C. 商品的包装　D. 生产经营成本和市场供求状况

12. 根据《价格法》第三章的规定，对于重要的公益性服务的价格，政府在必要时可以实行（　　）。

A. 市场价

B. 政府指导价或政府定价

C. 经营者依据生产经营成本和市场供求状况定价

D. 竞价

13. 食品生产经营人员（　　）进行健康检查。

A. 必须每年　B. 可以每隔两年

C. 不用　D. 可以每隔三至四年

14. 消费者权利不包括（　　）。

A. 维护尊严权　B. 求教获知权

C. 提供符合要求的商品或服务　D. 自主选择权

15. “健康合格证”由（　　）发放。

A. 劳动保障部门　B. 公共防疫机构

C. 劳动者所在单位　D. 卫生防疫机构

16. 《消费者权益保护法》的基本原则不包括（　　）。

A. 尊重和保障人权原则　B. 保障社会经济秩序原则

C. 依法进行交易原则　D. 保障经营者利益原则

二、判断题

(　　) 1. 劳动者解除劳动合同应当提前3天以电话形式通知用人单位。

(　　) 2. 临时性参加工作的食品生产经营人员无须健康检查，可以直接参加工作。

(　　) 3. 一切组织和个人都可以对损害消费者合法权益的行为进行社会监督。

(　　) 4. 食品生产经营人员必须每年进行健康检查。

(　　) 5. 新参加工作和临时性参加工作的食品生产经营人员必须进行健康检查，取得健康证明后方可参加工作。

(　　) 6. “健康合格证”由劳动者所在单位发放。

(　　) 7. 侵犯商业秘密的，监督检查部门应责令其停止违法行为，并根据情节处以一万元以上二十万元以下的罚款。

(　　) 8. 监督检查部门工作人员监督检查不正当行为时，应出示检查证件。

(　　) 9. “健康合格证”不得涂改、转让、倒卖、伪造。

(　　) 10.《反不正当竞争法》于1993年9月2日由第八届全国人民代表大会常务委员会第三次会议通过并公布，自1993年12月1日起实施。

模块3

公共关系与服务礼仪

一、公共关系

（一）公共关系的概念

公共关系是社会组织有目的地运用传播手段，与公众进行双向沟通，塑造其良好形象并具有艺术性的管理职能。

（二）公共关系的基本特征

公共关系以公众为对象、以美誉为目标、以互惠为原则、以长远为方针、以诚实为信条、以信息传播为手段。

（三）现代公共关系产生和发展的基本条件

（1）现代商品经济和社会化大生产的产物；
（2）适应了商品经济分工协作的需要；
（3）卖方市场向买方市场过渡的产物；
（4）证券民主化运动推动了公共关系的深入发展；
（5）工人运动的压力，迫使资产阶级采取盈利与公关并重的战略。

二、服务礼仪

（一）礼仪的概念

礼仪是指在人际关系中用以沟通思想、交流感情、表达心意并促进了解的一种形式，是人际交往中不可缺少的润滑剂和联系的纽带。

（二）礼节礼貌的意义

我国是一个具有悠久历史、发达文化的文明古国，素有“礼仪之邦”的美称。我们讲礼节礼貌，是要人与人之间互相尊敬、互相爱护、待人诚恳、助人为乐。讲究礼节礼貌是社会文明的一种体现，它不仅有助于维护整个社会的安定团结，同时也有利于社会的建设和发展。在当今的社会制度下，讲究礼节礼貌，不仅是社会对每一个公民的要求，而且也在逐步成为人们衡量行为是否文明的标准。服务业是我们国家的窗口行业，这一行业的全体员工理应率先在讲究礼节礼貌方面为全社会作出好的示范。讲究礼节礼貌的重要性包括以下四个方面：

（1）讲究礼节礼貌是建设高度社会主义精神文明的需要；

（2）讲究礼节礼貌是保障社会安定团结、促进人际关系和谐的需要；

（3）讲究礼节礼貌是文明公民应有的行为规范；

（4）讲究礼节礼貌是任何一名服务业从业人员应有的基本素质之一。

（三）仪容仪表

一本好书，要有一个好的封面，才能吸引读者；一个有教养的人，要穿着得体，才能令人景仰。对于一个公司来说，职员的仪容仪表好比一部著作的封面，必须从严要求，才能树立起良好的公司形象。

1. 男服务员的仪容仪表

（1）头发。

①头发必须干净整洁，经常用洗发水洗头；

②头发不能盖住眼睛；

③发尾不能超过衣领；

④鬓发不能过长；

⑤头发要用发胶梳理，但不能显得太油或太湿。

（2）脸部。

①脸部必须干净，经常剃须，不能留有胡茬；

②要经常用毛巾洗耳朵；

③皮肤要保持干净，不能太油或太干；

④皮肤不能有皮炎、粉刺，若有一定要马上治疗。

（3）牙齿。

①每天注意清洁牙齿，保持卫生，用餐后特别注意牙齿的清洁；

②上班前不能吃大葱、蒜等味道重的食品。

（4）身体。

①在工作前必须洗澡；

②保持身体的清洁，不能留有汗味。

（5）手和指甲。

①必须每周剪指甲，不能留指甲；

②指甲内不能留有污垢；

③不能涂指甲油；

④手和指甲必须十分干净，不能有烟味；
⑤上厕所后必须用肥皂洗手。
(6) 长袖衬衫。
①不能将衣袖卷起；
②衣袋不能让人看出明显放有物品。
(7) 外套。
①外套必须平整；
②外套的颜色与其他衣物一定要统一。
(8) 袜子。
①袜子一定要平整；
②袜子的颜色要和外套颜色相近；
③袜子要保持干净；
④上班时间必须穿工作袜（黑色长筒袜）。
(9) 鞋子。
①上班时间必须穿工作鞋（黑皮鞋）；
②鞋子表面必须干净有光泽。
(10) 名牌。
①上班时间必须戴名牌；
②名牌戴在上衣的左胸前；
③名牌必须干净；
④名牌字迹要清晰明了。
2. 女服务员的仪容仪表
(1) 头发。
①头发必须整洁干净，经常用洗发水洗头；
②长头发必须盘起；
③头发的样式须将面部露出；
④头发须用发胶挽起，但不能显得太油或太湿；
⑤禁止烫卷发；
⑥不能染鲜艳的颜色；
⑦不能当着客人的面梳头；
⑧每个月都应修剪头发。
(2) 脸部。
①脸部必须干净；
②头发不能盖住眼睛；
③皮肤要保持干净，不能太油或太干；
④皮肤不能有皮炎、粉刺，若有一定要马上治疗。

（3）化妆。

①必须化淡妆工作；

②可涂一点眼影；

③不可用假睫毛；

④口红的颜色不可太过鲜艳，以本色为主。

（4）女式衬衫。

①可以穿长袖或短袖；

②衬衫不可太透。

（5）袜子。

①袜子应是素色，不可有图案和破损；

②袜子必须穿着方便。

（6）鞋子。

①上班时间必须穿工作鞋（黑色鞋子）；

②鞋子表面必须干净有光泽；

③不能穿鞋跟太高的鞋子。

（7）饰品。

①不能戴装饰性太强的耳环、戒指；

②上班时间不能将项链戴在外面；

③不能戴特别夸张的饰品。

（8）名牌。

①上班时间必须戴名牌；

②名牌戴在上衣的左胸前；

③名牌必须干净；

④名牌字迹要清晰明了。

（四）言谈和举止礼仪

1. 言谈礼仪

（1）礼貌用语。礼貌用语是服务人员在接待客人时需使用的一种语言。它具有体现礼貌和提供服务的双重特性，是服务人员向客人表达意愿、交流思想感情和沟通信息的重要交际工具。礼貌用语是优质服务的一种体现形式。

调酒师要善于运用这一交际工具，在人际交往中做到谈吐文雅、语调轻柔、语气亲切、态度诚恳，讲究语言艺术。在服务中要有“五声”：客人到来时有问候声、遇到客人时有招呼声、得到协助时有致谢声、麻烦客人时有致歉声、客人离店时有道别声。要杜绝使用“四语”：不尊重客人的蔑视语、缺乏耐心的烦躁语、自以为是的否定语和刁难他人的斗气语。在待人接物中使用礼貌用语的最基本要求是：每一位服务人员首先要明确自己的工作任务和岗位职责，这样才能做到不说有损客人自尊心的话，不与客人争辩，不致做出失礼的、鲁莽的言行。

（2）礼貌用语的特点。礼貌用语既是服务工作的内容与需要，也是优质服务的一种体现形式。俗语说“良言一句三冬暖，恶语伤人六月寒”，这句话形象地概括了使用礼貌用语的重要性。在酒吧服务中，服务人员恰到好处地使用礼貌用语，不仅可以表现出服务人员的亲切、友好、和蔼与善意，使客人感受到礼遇与尊敬，同时也显示了服务人员良好的素质和教养，调酒师使用礼貌用语也从一个侧面反映了酒吧的层次和服务水平。

礼貌用语主要有以下四个特点：

①主动性。在对客服务中，使用礼貌用语应成为服务人员主动而自觉的行为，同时要做到口到、心到、意到。

②礼貌性。服务人员在工作中应能正确使用各种能体现自谦恭敬的礼貌用语，使客人感受到充分的尊重。

③亲切性。服务人员运用礼貌用语时，应力求亲切而自然，让客人听在耳中，暖在心里，心领神会。

④约定性。服务人员常用的礼貌用语，在内容与形式上，往往都是有明确的要求与规定的，是长久以来在服务过程中形成的。在何种情况下用何种礼貌用语，已形成了一种习惯。如：客人上午走进餐厅用餐，服务人员应向客人道“早安”。

（3）礼貌用语的基本类型。礼貌用语的基本类型有以下几种：

①问候语：“您好！”“很高兴见到您！”“好久不见，您还好吗？”

②迎送语：“欢迎各位的光临。”“慢走。”“欢迎您下次光临。”“一路平安。”

③请托语：“请稍候。”“打扰。”“劳驾。”

④致谢语：“谢谢您的光临。”“谢谢您对我们工作的大力支持。”

⑤征询语：“需要帮助吗？”“请问您还需要些什么？”“请问您需要点餐吗？”

⑥应答语：“好。”“随时为您效劳。”“请稍候。”

⑦赞赏语：“太好了。”“您好棒。”

⑧祝贺语：“祝您好运。”“新年快乐。”“节日愉快。”

⑨推托语：“您不再要点别的吗？”“请您……”“我请示一下领导……”

⑩道歉语：“很抱歉，让您久等了。”“对不起。”“多多包涵。”

（4）谈吐的艺术。谈话是人们交流感情、增进了解的主要手段。调酒师在与客人交流中，不仅要使用礼貌用语，同时还要注意谈话的技巧，尽可能拉近与客人的距离，使客人身在外，却有回家的感觉。

①与众不同。想要吸引对方听你说话，尤其是在有其他人在场的情况下吸引对方，就要有些与别人不一样的见解。根据客人的消费心理，用心去“读”客人的需要，为其提供个性化的服务，这样会拉近你与客人心与心之间的距离，客人也会接受你的建议。

②换位思考。要让客人认同你的工作，必须要将心比心，当客人对你的工作不认同或者有微词时，首先要冷静对待，扪心自问是否有做得不妥的地方，并站在客人的角度想想：如果你是客人，发生同样的问题，你希望得到怎样的处理？

③察言观色，寻找共同点。一个人的心理状态、精神追求、生活爱好等，都或多或少会在他们的表情、服饰、言谈、举止等方面有所表现，只要善于观察，就会发现他们的共同点。

④尊重他人。谈话是一门艺术，谈话者的态度和语气较为重要。“顾客就是上帝”，只要是来消费的，不管他是什么国籍、种族，说何种方言等，作为调酒师都要对客人一视同仁，不分彼此。要做到六个一样：对高消费客人和低消费客人一样看待；对华人客人和外国客人一样看待；对东方客人和西方客人一样看待；对黑种客人和白种客人一样看待；对新客人和老客人一样看待。

⑤善于聆听。“顾客就是上帝”，作为服务人员不能总处在“说”的位置上，还要学会聆听，只有善于聆听，才能真正实现有效的双向交流。外国有句谚语“用十秒钟的时间讲，用十分钟的时间听”，这句话道出了聆听的重要性。听人谈话要全神贯注，不可以心不在焉、东张西望，或者做出不耐烦的表情，同时要听别人把话讲完，不要在别人讲得正起劲时打断他，这是最不礼貌的表现。

（5）礼貌用语的用法。用好礼貌用语对于每一名调酒师来说都十分重要，要正确使用礼貌用语就要做到以下几个方面：

①注意学好日常礼貌用语；

②注意说话时的举止；

③注意说话时的语气；

④注意选择适当的词语；

⑤注意选择询问或回答的方式；

⑥注意语言简练、中心突出；

⑦注意说话时的语速；

⑧注意不同语言在表达上的区别。

2. 举止礼仪

体姿语言是通过人的动作、体态等表现出来的非自然语言。手势与步态具有鲜明的表现力、吸引力、说服力与感染力，能立即引起对方的注意。坐姿与站姿能传达不同的信息，由此可揣摩对方的身份、职业以及性格特征，了解对方对自己的态度，这对交往大有帮助。

（1）站姿。站姿是服务人员全部仪态的根本点，采用正确的站姿服务是服务人员的基本功之一。

俗语说“站如松”，男子的站姿要如“劲松”之美，具有男性刚毅英武、稳重有力的阳刚之美；女子的站姿要如“静松”之美，具有女性轻盈典雅、亭亭玉立的阴柔之美。正确的站姿是自信的表现，会给人留下美好的印象。站姿的具体要求包括：头正、梗颈、展肩、挺胸、收腹、提臀、脚直。

（2）走姿。俗语说“行如风”，走姿始终处于动态中，体现了人类的运动之美和精神风貌。男士的走姿要刚健有力，步履矫健，有凛然之气；女士的走姿要轻盈如燕，含蓄飘逸，有窈窕之美。

标准的走姿：上身基本保持站立的标准姿势，挺胸收腹，腰背笔直，两臂以身体为中心，前后自然摆动。手掌朝向身体，起步时身子稍向前倾，重心落前脚掌，膝盖伸直，脚尖向正前方伸出，行走时双脚踩在一条直线上。

（3）坐姿。俗语说“坐如钟”，坐姿是人际交往中人们采用最多的一种姿势，它是一种静态姿势。优雅的坐姿给人一种端庄、稳重、威严的美感。

标准的坐姿：落座时，要坚持尊者为先的原则，不要争抢；通常侧身走近座椅，从椅子的左侧就座，如果背对座椅，要先站好，全身保持站立的标准姿态，右腿后退一点，用小腿确定椅子的位置，上身挺直，目视前方就座；落座时声音要轻、动作要缓；落座过程中，腰、腿肌肉要稍有紧张感；女士着裙落座时，要用双手从身后拢裙，不可落座后再整理。

坐立时，上身正直而稍向前倾，头、肩平正，腰部内收，通常只坐椅子的 1/2 到 2/3 处，两臂贴身下垂，两手可以搭放在椅子扶手上；无扶手时，女士右手搭在左手上，放于腹部或者轻放于双腿之上；男子双手掌心向下，自然放于膝盖上。男士膝盖可以自然分开，但不可超过肩宽；女士膝盖不可以分开。当与他人进行交谈时，要注意不能只是转头，而应将整个上身朝向对方，以视对其重视和尊敬。

离座时要先以语言或动作向周围的人示意，方可站起；突然一跃而起会使周围的人受到惊扰。同落座时一样，离座时要注意按次序进行，尊者为先；起身时不要弄出响声。站好后才可离开，同时要从左侧离座。

（五）服务工作中常见的礼节

1. 问候礼

问候礼是人与人见面时互相问候的一种礼节。问候礼是调酒师对客人进出酒吧或外出归来时的一种接待礼节，以问候、祝贺语言为主。若遇到重要客人，有时还应有迎送礼。

（1）初次与客人见面时的问候。与客人初次见面，调酒师应说：“先生（或小姐、太太等）您好，见到您很高兴，我是 × × ×，很荣幸为您服务。”等。

（2）时间性问候。在店内与客人见面时，要根据时间采用不同的问候，如“早安”“午安”“晚安”。

（3）对不同类型的客人的问候。涉外饭店、宾馆住的客人类型很多，调酒师可用不同方式对不同类型的客人进行问候。如遇到体育代表团，除了一般的问候外还要说一些客人比较爱听的吉利语言，比如“祝你们在比赛中获胜”“祝你们获得好的名次”等。

（4）节日性问候。如圣诞节、新年、客人的生日等，都需要有节日性问候。在日常服务中，当知道客人生日时，应向客人表示祝贺；可以的话，应送上鲜花或其他生日礼物，使客人有宾至如归之感。

2. 称呼礼

称呼礼是指日常服务中和客人打交道时所用的称谓。由于不同的国家和民族使用的语言不同，风俗习惯不同，因而人与人之间的称呼也有很大的区别。如果称呼错了，就会引起客人的反感，甚至会闹出笑话，从而产生不必要的误会。

（1）一般习惯称呼。在国际交往中，一般对男子称“先生”，对不了解其婚姻情况的女子可称“小姐”，对戴结婚戒指和年纪稍大的女子可称“夫人”。

（2）按职称。如果知道客人的学位、军衔、职位，则要在“先生”“小姐”“夫人”前冠以职衔，如“博士先生”“议员先生”“上校先生”等。

3. 应答礼

应答礼是指同客人交谈时的礼节。

（1）解答客人问题时必须站好，不能倚靠其他物品，讲话时语气要温和并有耐心，双目要注视客人，集中精神聆听客人的问题，以示对客人的尊重。没有听清楚客人的问题时，应向客人说：“对不起，麻烦您再说一遍。”

（2）调酒师在为客人处理服务上的问题时，语气要婉转，如果客人提出的要求及某些问题超越自己的权限或无法回答时，应及时请示上级有关部门，不能用一些否定的词语，如“不成”“不行”“没办法”“不知道”等去搪塞客人。

4. 迎送礼

迎送礼是指迎送客人时的礼仪。

（1）客人到酒吧时，调酒师要微笑问好。在为客人服务的过程中，应按先主宾后随员，先女宾后男宾的顺序进行服务。

（2）对重要外宾和友好团体，要组织管理人员、服务员在大门口排队迎送。迎送的工作人员服装要整洁、姿势要端正，并鼓掌欢迎，使客人有一种亲切感。

5. 操作礼

操作礼主要是指调酒师在日常工作中应有的礼节。

（1）调酒师在日常工作中要着装整洁，注意仪表，举止大方，态度和蔼。工作期间不准大声喧哗，不准开玩笑。

（2）调酒师在调酒或进行其他操作时动作既要准确又要快捷。

6. 其他礼节

（1）握手礼。握手礼是人们在交往时最常见的一种礼节，它是大多数国家的人们见面或辞别时的礼节。

（2）鞠躬礼。鞠躬礼一般是下级对上级、同级之间以及初次见面的朋友之间的礼节。

（3）亲吻礼。亲吻礼是西方的一种常见礼节，用来表达爱情、友情、尊重与爱护。

7. 调酒师的礼节礼貌规范

酒吧是客人休息娱乐的场所，客人在工作之余来此放松身心、消除疲劳；酒吧也是交际场所，商人们常喜欢在这幽静的环境内洽谈生意；酒吧还是私人聚会的好地方，住店客人也会在这里招待亲朋好友。为了烘托酒吧的气氛，调酒师在为客人提供良好的服务时，礼貌服务显得尤为重要。以下是调酒师应遵循的一些礼节礼貌规范：

（1）上岗前，要做好仪容仪表的自我检查，确保符合要求。

（2）上岗后，要做到站立服务、精神饱满、微笑待客，以最佳的状态迎接每一位客人。

（3）客人进门时要笑脸相迎，并致以亲切的问候，和善的语言、和蔼可亲的面容使客人一进门就能感受到酒吧对客人的热情欢迎。

（4）问清客人的人数后，把客人引领到适当的位置就座。

（5）当客人就座后，要恭敬地向客人递上酒水单，耐心地为客人提供酒水服务。要听清、记牢客人对所要酒水的具体要求，并向客人复述一遍，以免出现差错。

（6）酒水下单时要面向客人，一般站在客人的右侧，保持适当的距离，稍弯腰，手中拿着单据和笔，同时要留意客人一些细节的要求，如“不加冰”“不要兑水”等。一定要尊重客人的意见，严格按客人的要求去做。

（7）客人对酒水或佐酒小食拿不定主意时，调酒师要热情推荐，使客人感到服务周到。

（8）上酒水时，身体不能背向客人，拿取背后的酒瓶时，只能侧身提取。

（9）在客人面前调制饮料时要举止大方，态度认真，所用器皿要清洁。

（10）用托盘从客人的右侧上饮料。如实际情况不便时，也可从客人的左侧上，但要主动向客人打招呼。

（11）如客人要整瓶酒时，斟酒前应让客人看清酒瓶上的商标，经核实后，当面打开瓶塞，使客人放心饮用。

（12）在为团体客人服务时，一般斟酒的次序为先宾后主、先女后男、先老后少。

（13）在服务中，如需与客人交谈，要适当、适量，不能喧宾夺主，更不能影响本职工作，忽视照料其他客人。

（14）工作中要注意站姿与位置，不能将手支撑在柜台上，也不可与同事聊天或做其他与工作无关的事情。

（15）客人交谈时，不能侧耳细听，应主动回避。

（16）接听电话时，语调要温和，态度要耐心，要礼貌地复述一下被找人的姓名，如：“您找×××先生吗？请您稍等。”

（17）当客人示意结账时，要用小托盘递上账单，请客人查核款项是否有出入，客人无意离去时，切不可催促客人提前结账。在收找客人的现金时，尽量当着其他人的面“唱票”（醉酒客人除外），避免发生不必要的纠纷或误会。要掌握好客人的自尊心理，不要大声报账。

（18）客人离开酒吧时，要热情送别。

（19）对已有醉意、情绪变得激动的客人，更要注意礼貌服务，不可怠慢，要更耐心地为其提供所需服务，在任何情况下都要以礼相待。

（20）在发生意外情况时，要保持头脑冷静、清醒，及时向上级和有关部门反映，以便妥善处理。

练习题

一、选择题

1. 一个人的（　　）主要通过他的相貌、服饰、气质、风度等展现出来的。

A. 人格魅力　　B. 形象魅力　　C. 性格魅力　　D. 内在魅力

2. 眼神和微笑是最富有感染力的（　　）。

A. 体态语言　　B. 自然语言　　C. 心灵语言　　D. 表情语言

3. 人格魅力是（　　）。

A. 注重道德修养　B. 注重清洁　　C. 注意思维方法　D. 注重工作方法

4. 体态语言是通过人的动作、体态等表现出来的（　　）。

A. 非自然语言　　B. 自然语言　　C. 逻辑语言　　D. 非逻辑语言

5. 礼貌用语具有（　　），是服务人员向客人表达意愿、交流思想感情的重要交际工具。

A. 表示敬意的特性　　B. 体现礼貌和提供服务的双重特性

C. 表示询问的特性　　D. 表示郑重的特性

6. 在西方人的礼节中，对已婚的女性客人应称呼（　　）。

A. 小姐　　B. 同志　　C. 夫人　　D. 姑娘

7. 下列对男员工仪容仪表的叙述中，（　　）是符合要求的。

A. 不留大鬓角　　B. 留长指甲、长发

C. 佩戴显眼的饰物　　D. 留小胡子、头发染成彩色

8. 在非自然语言中，（　　）是最富有感染力的表情语言。

A. 眼神和微笑　　B. 喜怒哀乐　　C. 微笑与伤心　　D. 悲与喜

9. 通过人的动作、体态等表现出来的非自然语言是（　　）。

A. 内在语言　　B. 抽象语言　　C. 逻辑语言　　D. 体态语言

10. 下列对员工仪容仪表的叙述中，（　　）是不符合要求的。

A. 适时梳洗头发　　B. 佩戴名牌

C. 女员工使用鲜艳的头饰　　D. 女员工化淡妆

11. 下列关于员工着装的叙述，（　　）是不符合要求。

A. 穿制服上岗　　B. 制服有明显的污渍

C. 男员工穿黑皮鞋、深色袜子　　D. 保持皮鞋清洁光亮

12. 公共关系是社会组织有目的地运用传播手段，与（　　）进行双向沟通，塑造其良好形象的具有艺术性的管理职能。

A. 公众　　B. 社会　　C. 企业　　D. 外国人

二、判断题

(　　) 1. 公共关系人员应注重道德修养，做一个诚实可信、亲切、通情达理、认真敬业的人。

(　　) 2. 员工的制服上有污渍时必须及时更换。

(　　) 3. 非自然语言中，悲与喜是最富有感染力的体态语言。

(　　) 4. 公共关系人员应拓宽知识面，做一个博古通今、才华横溢的人。

(　　) 5. 礼貌用语具有对客人敬畏的特性。

(　　) 6. 在西方的的礼节中，“小姐”一词主要是对未婚女子的称呼，在不了解女宾婚姻状况下也可使用。

(　　) 7. 一个人的形象魅力主要是通过他的相貌、服饰、学识、谈吐等展现出来的。

(　　) 8. 男员工不留大鬓角、小胡子、长发。

模块 4

食品卫生知识与主要客源国风俗习惯

精讲 1 食品卫生知识

一、食品卫生基础知识

（一）食品的概念

食品是指各种供人食用或者饮用的物品，以及按照传统既是食品又是药品的物品，但不包括以治病为目的的药品。

（二）食品必须具备的三个基本条件

食品是人类赖以生存的物质基础，它必须具备三个基本条件：第一，应当无毒无害，不能对人体健康产生任何损害，不会造成人体的急性或慢性病及潜在性疾病；第二，应当符合营养要求，能供给人体所需的各种营养素，具有一定的营养含量；第三，应具有相应的色、香、味、形，在感官性状上不应给人以任何不良感觉。在食品卫生中，食品无毒无害是首要要求，其次是有营养价值和感官性状良好。

（三）食品卫生学的概念

食品卫生学是预防医学的组成部分，它是一门研究食品中有害因素与人体健康的关系及其预防措施，以稳定食品卫生质量、保护食用者安全的学科。食品卫生学研究内容很广泛，其中包括研究食品中的主要营养成分与人体健康的关系，以及何为合理膳食。

（四）灭菌的概念

灭菌是杀灭物体中的所有微生物的技术。灭菌是食品生产经营者为达到较长时间保存食品的目的而采取的技术措施。

（五）煮沸消毒法

煮沸消毒法是指将物品放在100℃的沸水中煮3~5分钟，可杀灭微生物繁殖体。煮沸消毒法适用于食品餐饮用具、茶具、酒具和直接入口食品的容器、材料器具的消毒。

（六）巴氏消毒法

巴氏消毒法主要应用在牛奶的消毒上。巴氏消毒法可分为低温63℃、30分钟和高温80℃~90℃、30~60秒两种。为提高效率、缩短加热时间、减少对食品质量的影响，多采用后一种方法。

（七）紫外线消毒法

紫外线是低能量的电磁辐射，杀菌力强，多用于食品超净车间、冷菜间和饮用水消毒。

（八）含氯制剂消毒法

使用含氯制剂消毒时，可将原液配置成3%~5%的溶液，用于餐具、酒具、茶具、工具、容器的消毒，浸泡3~5分钟即可；也可以将原液配置成3%的溶液，用于果蔬消毒，浸泡10分钟后用清水冲洗即可。

（九）过氯化物制剂消毒法

使用过氯化物制剂消毒时，其溶液的浓度为0.5%~1%。

二、食品卫生质量的鉴别方法

（一）食品腐败变质的感观鉴别

以人们的感觉器官对食品的感官性状进行鉴别，从色、香、味、形四方面和正常食品进行对比鉴别的方法，称为感观鉴别。

（二）根据食品标识鉴定食品是否过期的方法

根据食品标识是否完整、清晰，有无生产日期，是否过保质期进行鉴定。

（三）掺杂食品的鉴别

掺杂食品是指在食品中加入了与原有食品形状、颜色相似的杂物，如辣椒粉中掺橘子皮、玉米面、红砖粉，大米中掺沙粒、荧光粉，发菜中掺玉米须，冻肉、冻鸡中注水，味精中加食盐等。

（四）伪造食品的鉴别

伪造食品是指食品的标识、名称与包装内容不符，如用名牌酒商标包装假酒，用工业酒精勾兑假酒，用虚假广告宣传各种营养品、保健品、防癌食品等。

三、预防食品污染、食物中毒和有关传染病

（一）食品污染的概念

有毒有害物质进入正常食品，对人体健康构成威胁，称为食品污染。食品在种植、养殖、采收、屠宰、生产、加工、储存、运输、销售、食用等过程中被有毒有害物质污染，人们吃了这样的食品就可能患上传染病、寄生虫病等危害健康的疾病。

（二）预防食品细菌污染的办法

细菌生命力极强，在温度、水分、营养适宜的条件下，每 15 ~ 20 分钟即可分裂繁殖一代。在人们的生活中，食品不可避免地会受到细菌污染，污染越多，食品越容易腐败变质，带有致病菌的机会也就越多。因此，我们要采取严格的洗刷消毒措施，保持良好的食品安全环境。

（三）食品化学性污染的种类

食品化学性污染主要有以下三种：

1. 农药污染

人们在食品种植、养殖过程中大量使用农药，农药在除虫去病的同时也会对人体造成危害。

2. 工业的“三废”污染

在工业污染的水域、土壤中生长的食品会给人体造成危害。这种危害是慢性积累的，危害性最大。

3. 化学添加剂污染

为改善食品品质和色、香、味及防腐和加工工艺的需要，允许在食品中添加一些化学的和天然的物质，但添加剂在使用时的质量标准、使用方法、剂量都应严格遵守国家法律和卫生标准规定。

（四）饮食企业卫生“五·四”制

所谓“五·四”制即：由原料到成品实行“四不”、成品（食物）实行“四隔离”、

用（食）具实行“四过关”、环境卫生采取“四定”、个人卫生做到“四勤”。

（五）食品污染对人体健康的影响

食物中毒可分为急性中毒和慢性中毒两种。急性中毒一般是食品被大量病原微生物或有毒的化学物质污染引起的食物中毒。如沙门氏菌污染肉品可引起急性肠胃炎；剧毒农药污染可引起化学性急性食物中毒。急性中毒的特点：来势凶猛、病因较明确、多集体发病、易于诊断和抢救。而慢性中毒是因长期（一年以上）摄入含较小量污染物的食品而引起的中毒，如摄入有机汞农药残留量较高的水果蔬菜等。长期摄入微量黄曲霉毒素污染的玉米能引起肝脏病变、肝功能异常。

四、食品营养卫生知识

（一）平衡膳食的概念

在自然界中只有由多种食物构成的膳食，营养素才会种类齐全、数量充足且比例适宜，才利于人体的吸收利用，从而在人体对营养的需求与膳食供给之间建立良好的平衡关系，达到合理吸收营养的目的，这样科学的膳食称为平衡膳食。如果膳食中营养素之间的比例失调，不适合人体的生理需要，就会对人体健康造成不良影响，甚至导致某些营养性疾病或慢性疾病。

（二）膳食摄入量的要求

我国营养学会于1988年重新修订了我国各类人群不同生理阶段每日各种营养素的供给量。不同人群各种营养素的供给量标准有所不同，每日各种营养素的摄入量，在一个周期内（5~7天）平均达到标准供给量正负误差不超过10%即可。一般轻体力劳动者每日摄入各种食物大约1 500g，才能基本保证平衡膳食的数量要求。

（三）膳食中热量的来源

膳食中的热量主要来自粮谷类、薯类、豆类和动物性食物。

（四）人体八种必需氨基酸的来源

人体蛋白质中有八种氨基酸被称为必需氨基酸，人体自身不能合成，所以要由食物蛋白质来提供。这就要求食物蛋白质所含有的必需氨基酸数量及相互之间的比例与人体所需要的必需氨基酸数量及比例趋于一致，只有这样，食物蛋白质才能体现比较高的生物价值。而多数植物性食物氨基酸的比例不合理，不适宜人体蛋白质的合成。为了保持必需氨基酸间的比例关系，应充分利用蛋白质的互补作用，力求粮豆混食、荤素搭配，使食物蛋白质相互取长补短，补充缺乏或含量不足的氨基酸，提高膳食蛋白质的质量。膳食中植物性蛋白质应占65%～70%，动物性蛋白质应占25%，豆类蛋白质应占5%；优质蛋白质应占蛋白质供给量的1/3。

（五）成人脂类摄入量

膳食中的脂类包括类脂和脂肪。成人每日脂类的摄入量约为50g，应占膳食总热量的20%～25%。其中以植物油为主，占2/3；动物脂肪占1/3。而植物油中的1/5应来自必需氨基酸。或者说，膳食中多不饱和脂肪酸、单不饱和脂肪酸以及饱和脂肪酸的配比应为1∶1∶1。

（六）酸碱性食物

由于食物中所含无机盐的成分不同，食物在人体内最终氧化后有酸性和碱性之分。多数蔬菜，水果，大豆及其制品，牛奶以及坚果类的杏仁、栗子、松子等食物的钙、钾、钠、镁等金属元素含量高，在人体内经代谢最终呈碱性，所以叫碱性食物。肉、蛋、米等食物及核桃、啤酒等的氯、硫、磷等非金属元素含量高，在人体内经代谢最终呈酸性，所以叫酸性食物。食物在人体内经代谢呈中性反应者有烹饪油、黄油、淀粉和糖。

（七）畜肉类食品的价值

畜肉类食品包括牲畜的肌肉、内脏及其制品。它们在蛋白质氨基酸的组成上，尤其是必需氨基酸的组成上，接近人体组织构成的需要，能提供蛋白质、脂肪、无机盐和一些维生素。它们的吸收率高、味美，可以烹调成多种多样的佳肴，食用价值很高。

（八）禽肉类食品的价值

禽类主要指鸡、鸭、鹅等。禽肉类食品一般约含20%的蛋白质，能提供人体多种必需氨基酸。其特点是脂肪的熔点低，易消化。禽类所含亚油酸占脂肪含量的20%，是一种必需氨基酸。禽类的内脏富含维生素A和维生素B_2，鸡肝中维生素A的含量相当于羊肝或猪肝的1～6倍。由于禽肉结缔组织柔软，脂肪分布均匀，所以禽肉比畜肉更鲜嫩、味美。

（九）鱼类食品的价值

鱼类食品包括其他水产品动物的食品，为主要蛋白质来源，也供给少量脂肪，鱼类其蛋白质含有维生素A和维生素D，无机盐的含量也十分丰富。

（十）蛋类食品的价值

蛋类食品可提供极为丰富的必需氨基酸，而且组成比例非常适合人体需要，利用率可达99.6%，其蛋白质为天然食物中生物防治价值最高的蛋白质，完全蛋白质的含量为

13%～15%。11%～15%的脂肪主要包含在蛋黄中，而且分散成细小颗粒，极易被吸收。蛋类食品的大部分脂肪为中性脂肪，此外还含有卵磷脂和胆固醇。同时蛋类也是维生素和无机盐的良好来源。

（十一）奶类食品的价值

奶类食品营养丰富，因为奶中的酪蛋白、白蛋白和球蛋白均含有人体的必需氨基酸，其含量与鸡蛋蛋白质相似，故其利用率较高；此外还含有血清白蛋白、免疫球蛋白及酶类等。奶类是人类所需钙的重要来源，且吸收率高，每100克鲜奶可提供人体120毫克的钙。

（十二）谷物食品的价值

谷物食品是我国人民膳食中最经济的热量来源，膳食中一半的蛋白质是由谷物食品提供的。谷类含有大量的B族维生素，大部分存在于谷胚和内皮中，以维生素 B_1 和维生素 B_3 为主。谷类中无机盐含量也很丰富，集中在谷皮、糊粉层和谷胚中。

（十三）豆类食品的价值

豆类食品的蛋白质含量较其他各类食品都高，如大豆40%左右，干蚕豆29%左右，绿豆23%左右，赤豆19%左右。豆类食品的蛋白质质量也很好，其氨基酸组成与牛奶、鸡蛋蛋白质相差不大。豆类食品富含赖氨酸，而蛋氨酸含量稍显不足；谷类食品的赖氨酸含量少，而蛋氨酸含量较多，故二者混合食用可提高其营养价值。

（十四）蔬菜和水果的价值

蔬菜和水果是人们膳食中的重要组成部分，特别是蔬菜，在膳食中所占比例很大。其主要含维生素C、胡萝卜素和维生素 B_2，人体所需要的维生素主要靠蔬菜、水果来供给。各种绿叶菜如小白菜、菠菜中维生素含量最丰富，其次是根茎类。

富含维生素C的蔬菜有柿子、辣椒、苦瓜、菜花、菠菜、卷心菜等，水果有鲜枣、山楂、橘子、柠檬等。蔬菜、水果还可提供人体所需的各种无机盐，如钾、钠、镁、碘等。

（十五）主食在搭配膳食中的地位

一般筵席中主食的热量可占膳食热量的50%。正常膳食主食的热量最少占膳食热量的50%～60%，一般维持在60%～70%。在搭配膳食过程中首先要考虑主食的地位，要做到粗粮细做，并应用到宴会中去，还要充分发挥医食同源的优良做法，达到食疗的效果。

（十六）合理营养的基本要求

合理营养是指提供有利于人体健康的平衡膳食。平衡膳食应由多种食物构成，不但要提供足够数量的热量和各种营养素，而且要满足人体正常生理需要。

（十七）合理膳食的基本要求

每天按时进餐，成年人一般一日三餐；中小学生除三餐外，上午应增加一次课间餐，以使学生在最后一节课不致因饥饿影响学习；儿童除三餐外，上、下午各增加一次点心。每餐间隔的时间不宜过长或过短，两餐相隔的时间以4小时为宜。

精讲2 主要客源国风俗习惯

一、日本

日本人在待人接物及日常生活中十分讲究礼貌，注重礼节，并形成了某种礼仪规范。在待人接物上谦恭有礼，说话常用自谦语，在语言上分敬语与简语两种。对长者、上司、客人，日本人都用敬语，以示尊敬；对平辈、平级、小辈、下级一般都用简语。日本人最常用的敬语有“拜托您了”“请多多关照”“打扰您了”等。

和服是日本传统的民族服装，在隆重的社交场合或节庆时节，他们都穿和服出席。日本人重视仪表，视衣着不整为不礼貌的行为。

在日本，初次见面时互递名片已是一种日常礼节。交换名片时，通常先由主人或身份较低者、年轻人向客人或身份较高者、年长者送上自己的名片，递送时要用双手托着名片，把文字朝向对方以方便阅读。还有一种方式是用右手递上自己的名片，用左手去接对方的名片。如果在接到对方的名片后再去寻找自己的名片，则会被认为是失礼；至于错把别人的名片递送给对方，则属于严重失礼。因此，在接待日本客人时，千万注意要先将自己的名片准备好，以便适时与对方交换。日本人与人见面善行鞠躬礼，初次见面向对方鞠躬90度，而不一定要握手，只有见到老朋友才握手，有时还会拥抱。

以酒待客时，日本人认为让客人自己斟酒是失礼，应由主人或侍者代斟。同时要注意斟酒的方法，右手持壶，左手托底，壶嘴不能碰到杯口。客人则须右手持杯，左手托杯底接受斟酒。通常接受第一杯酒而不接受第二杯不为失礼。客人若善饮，杯杯都喝光，主人会很高兴并鼓励多喝，但主人和其他客人并不陪饮。如果不想再喝酒，不可把酒杯向下扣放，应等大家喝完才能一齐扣放，否则会被视为不礼貌。

日本人忌荷花图案，认为是妖花。日本人忌三人合影，认为三人合影，中间的人被夹着，是不幸的预兆。他们还忌金眼睛的猫，认为看到这种猫的人要倒霉。

日本人饮食上忌讳八种用筷子的方法，叫作“忌八筷”，即：迷筷、扭筷、插筷、舔筷、移筷、掏筷、跨筷和剔筷。同时，忌用一双筷子让大家依次夹取食物。

二、韩国

韩国讲究礼仪。晚辈对长辈，下级对上级规矩严格，须表示特别的尊重。若与长辈握手时，还要以左手轻置于其右手之上，躬身相握，以示恭敬。与长辈同坐，要保持姿势端正，绝不能懒散；若想抽烟，须征得在场的长辈的同意；用餐时，不可先于长者动筷等。男子见面，可打招呼、互行鞠躬礼并握手，但女子与人见面时通常不与他人握手，只行鞠躬礼。

韩国人一般不轻易流露自己的感情，公共场所不大声说笑，尤其是妇女，笑时要用手帕捂住嘴，防止出声失礼。在韩国，女性十分尊重男性。双方见面时，总是女性先向男性行鞠躬礼；男女同坐时，一般男性位于上座，女性位于下座。当众多人相聚时，往往也是根据身份高低和年龄大小依次排定座位，地位高、年长的在前。

韩国人在用餐时不能随便出声，不可边吃边谈。他们忌讳“4”，认为此数字不吉利，因其音与“死”相同。在饮茶或饮酒时，主人总以 1、3、17 的数字敬茶、敬酒。

三、英国

英国人特别具有绅士风度，不喜欢别人问及有关个人生活的问题，如职业、收入、婚姻等。他们较注意打扮，对不同场合的着装十分讲究。不要与英国人谈论政治、宗教和有关皇室的小道消息。他们忌讳“13”“3”，特别忌用打火机或火柴在点了两支烟后为他们点第三支烟，一根火柴点燃第二支烟后应及时熄灭，再用第二根火柴点第三支烟。忌当着英国人的面耳语，英国人忌用人像作商品装潢，也忌用大象图案；讨厌孔雀，认为它是祸鸟，把孔雀开屏视为自我炫耀和吹嘘；忌送百合花，他们认为百合花意味着死亡。

四、法国人

过年时，法国人家中的酒要全部喝完，他们认为过年若不喝完家里的酒，来年就要交厄运。法国人过其他节日也大量喝酒，如每年 7 月 14 日的国庆节，5 月 8 日的停战节等。此外，在法国北部城市土哥英，每年还要过鸡鸣节，这个节日的民族气息很浓。节日当天，当地的养鸡户带着自家的雄鸡来参加雄鸡啼叫比赛，获胜的雄鸡可以得到一份营养饲料，它的主人可获得一份啤酒。

练习题

一、选择题

1. （　　）忌荷花图案，认为是妖花。

A. 英国人　　B. 法国人　　C. 韩国人　　D. 日本人

2. 英国人忌数字（　　），认为不吉利。

A. 0　　B. 3 和 13　　C. 7　　D. 19

3. 韩国人忌数字（　　），认为不吉利。

A. 0　　B. 4　　C. 7　　D. 13

4. 根据污染食品的有害因素的性质不同，可将食品污染划分为（　　）和放射性污染。

A. 人为性污染、农药性污染　　B. 化学性污染、人为性污染

C. 生物性污染、化学性污染　　D. 生物性污染、农药性污染

5. 农药污染属于（　　）。

A. 人为性污染　　B. 加工性污染　　C. 环境性污染　　D. 化学性污染

6. （　　）按其化学结构可分为单糖、双糖与多糖。

A. 糖类　　B. 淀粉　　C. 乳糖　　D. 蔗糖

7. （　　）的主要来源是肉类、鱼类、家禽类、奶类及其制品、大豆类。

A. 无机盐　　B. 蛋白质　　C. 硒　　D. 镁、锶

8. 脂类还能改善食物的风味，促进食欲产生，维持饱腹感，还能促进（　　）和胡萝卜素的吸收。

A. 脂溶性维生素 A、D、E、K　　B. 锶

C. 盐类　　D. 镁

9. 合理的食物烹调方法是（　　）。

A. 制作面食时，不加碱或少加碱　　B. 要用文火炒动物内脏食品

C. 淘米时，用力搓洗　　D. 用慢火炒菜，尽量少加水

二、判断题

（　　）1. 法国人忌荷花图案，认为是妖花。

（　　）2. 饮食业餐具“四过关”是指洗、刷、冲、消毒符合卫生要求。

（　　）3. 食品实行“四隔离”包括成品与半成品的隔离。

（　　）4. 蛋白质的主要来源是肉类与蔬菜。

（　　）5. 合理营养就是提供有利于人体健康的平衡膳食。

模块 5

酒吧概述

精讲 1 酒吧的定义与分类

一、酒吧的定义及特点

酒吧一词来自英文"Bar"的原音，原意指一种出售酒的长条柜台，是昔日水手、牛仔、商人及游子消磨时光或宣泄情感的地方。经过数百年的发展演变，各种崇尚现代文明、追求高品位生活、健康优雅的"吧"正悄然走进人们的休闲生活，同时也在现代城市中成为一道亮丽独特的文化景观。现在的酒吧通常被认为是供应与消费各种酒类的主要场所，它有时也是宾馆的餐饮部门之一，专为客人提供饮料及休闲服务。酒吧常伴以轻松愉快的音乐调节气氛，通常供应含酒精的饮料，但也会准备汽水、果汁给一些不善于饮酒的客人。

酒吧地域较集中，一般成行成市，或设置在大饭店尤其是星级饭店中，而且档次高，服务时间较长，一般在下午或晚间开始营业直至次日凌晨。酒吧的主题鲜明，体现出不同的风格与特色。

从现代酒吧企业经营的角度看，酒吧是提供服务与饮品，以赚取利润为目的，作有计划经营的一种经济实体。

二、酒吧的分类

酒店常见的酒吧形式包括：站立式酒吧、鸡尾酒廊、服务酒吧和宴会酒吧。

1. *以设置场所分类*

（1）主酒吧（Open Bar 或 Main Bar）也叫鸡尾酒吧。这类酒吧的特点是客人坐在酒吧的吧椅或吧凳上直接面对调酒师，欣赏调酒师的操作，调酒师从准备材料到酒水的调制和服务全过程都在客人的面前完成。这类酒吧的客人饮酒的时间较长。主酒吧不但要装饰得高雅美观，格调别致，而且在酒水和酒杯摆设中要创造气氛，吸引客人来喝酒，并使客人觉得置身其中是一种享受。

（2）酒廊（Lounge）通常具有咖啡厅的形式特征，其风格、格调、装修及布局也与咖啡厅很相似。这类酒吧一般都设在饭店的大堂，也称为大堂吧，主要为饭店客人服务，让客人可以暂时休息或者等人、等车等。

（3）服务酒吧（Service Bar）在很多中、西餐厅中都有设置，主要是为客人提供各种饮料服务。调酒师不需要直接与客人打交道，只要按酒单供应酒水、提供服务。服务酒吧要求配备品种齐全的葡萄酒、烈性酒、啤酒及各种软饮料。服务酒吧的调酒师除需要掌握应掌握的知识技能外，还特别需要对餐饮搭配知识有更多的了解。

（4）宴会酒吧（Banquet Bar）又称临时酒吧，是根据宴会形式和人数摆设的酒吧，通常是按鸡尾酒会、贵宾厅房、婚宴形式的不同作相应的摆设，但只是临时性的，变化很多。

（5）外卖酒吧（Catering Bar）是宴会酒吧中的一种特殊形式，有外卖的性质。酒吧工作人员需将酒水和各种器具准备好送到预定单位指定的场地内摆设酒吧并提供酒水服务。

2. 以服务方式分类

（1）纯饮品酒吧。又称水吧，相对于提供食品的酒吧而言，此类酒吧主要提供各类饮品，但也有一些佐酒食品。

（2）餐厅酒吧。这类酒吧与服务酒吧有很多相似的地方。这种附属于餐厅的酒吧大部分都只是餐厅食品经营的辅助品，仅作为吸引客人消费的一种手段，所以，其酒水销售的利润相对于单纯的酒吧要低，酒水品种也较少。

（3）娱乐酒吧。这种酒吧主要为寻求刺激、兴奋、发泄的客人提供服务，所以往往设有乐队、舞池、卡拉 OK 等，有时甚至是以娱乐为主，酒吧只是一个辅助摆设。此类酒吧气氛热烈、活泼，而强烈的灯光设计与火爆的音乐使人觉得兴奋、刺激。

（4）休闲酒吧。此类酒吧也可称为茶座，是客人在紧张的旅行之后或公务完成之余放松精神、怡情养性的场所。休闲酒吧主要为喜欢清静的客人谈话、聊天而设，主要以供应软饮料为主。

3. 以经营形式分类

（1）附属经营酒吧；

（2）独立经营酒吧。

精讲2 酒吧结构与吧台设置

一、酒吧的结构

酒吧的结构由下列五个部分组成：

（一）吧台

吧台是酒吧向客人提供酒水及服务的工作区域，是酒吧的核心部分。通常由吧台（前吧）、吧柜（后吧）及操作台（中心吧）组成。吧台大小以及组成形状也因具体条件的不同而改变。

（二）音控室

音控室是酒吧灯光、音响的控制中心。音控室不仅为酒吧的客人提供音乐服务，而且对酒吧的灯光进行控制，以满足客人视觉上的需要，营造酒吧气氛。音控室一般设在舞台，也有根据酒吧空间条件设在吧台内外的。

（三）舞台

舞台是酒吧不可缺少的空间，是为客人提供演出服务的区域。根据酒吧功能的不同，舞台的面积也不相等。舞台一般还附设小舞池，供客人跳舞。

（四）座位区

座位区是客人的休息区，也是客人聊天、交谈的主要场所。因酒吧的不同，座位区布置也各有特点。

（五）娱乐活动区

娱乐项目是酒吧吸引客源的主要因素之一，娱乐活动区也是酒吧的重要区域之一。选择何种娱乐项目、规格多大、档次多高都要符合经营目标。

二、吧台结构设置

（一）酒吧设计

酒吧一般由吧台（前吧）、吧柜（后吧）及操作台（中心吧）三部分组成。吧台高度按照西方标准应为42～46英寸，即106～117厘米，吧台的宽度一般为50～75厘米。吧台下方的操作台高度一般为30英寸，即约76厘米。操作台一般包括下列设备：洗杯槽、水池、贮冰槽、酒瓶架、杯架，以及饮料或啤酒配出器等。吧柜高度通常为175厘米以上，但顶部不可高于调酒师伸手可及处；下层一般为110厘米左右，或与吧台等高。吧柜实际上起着贮藏、陈列的作用。吧柜上层的橱柜通常陈列酒具、酒杯及各种瓶装酒，一般多为配制混合饮料的各种烈酒；下层橱柜存放红葡萄酒及其他酒吧用品，安装在下层的冷藏柜则作冷藏白葡萄酒、啤酒以及各种水果原料之用。吧台到吧柜的距离，即调酒师的工作走道，一般为100厘米左右，且不可有其他设备向走道凸出。服务酒吧中调酒师走道应相应增宽，有的可达300厘米左右，因为餐厅中时有宴会业务，饮料、酒水供应量变化较大，而较宽余的走道便于调酒师在供应量较大时堆放各种酒类、饮料、原料等。

（二）酒吧的基本形式

酒吧设计应简洁明了，设计时应仔细考虑如何方便调酒师在短时间内准备各种饮料，必须对用具的放置有具体要求。调酒师工作快慢的一个重要影响因素是看调酒设备的摆放是有助于还是阻碍他们的工作。酒吧是为生产性工作而设计的，要搞好酒吧设计，必须考虑下列两个因素：

（1）调酒师应能在一个地方完成相关的工作；

（2）考虑调酒师完成每项工作必需的活动环境。

（三）酒吧设计的原则

（1）视觉效果显著；

（2）方便服务客人；

（3）空间布置合理。

（四）酒吧人员结构

酒吧人员自上而下分为经理、领班和服务员三个层次。在中、小型饭店的酒吧中，领班又可分为调酒领班和服务领班。

精讲 3 吧台设备、调酒用具与载杯

一、吧台设备

（一）贮冰槽

贮冰槽是由不锈钢制成的盛装冰块的容器。贮冰槽一般分为两个槽，分别用于盛装碎冰和冰块。

（二）酒瓶陈放槽

酒瓶陈放槽用来贮存需冰镇的酒，如葡萄酒等。

（三）酒瓶架

酒瓶架用来陈放常用的瓶装酒。一般为烈性酒，如威士忌、白兰地、伏特加、金酒等。吧台操作要求将常用的酒放在便于拿取的位置，其他酒陈放在吧柜里。

（四）碳酸饮料喷头

含碳酸饮料的酒水在酒吧都有提供。常见的碳酸饮料喷头可以连接六种不同的碳酸饮料，原理同市面上的可乐机，不同是喷头上集中了六种不同的碳酸饮料的出口管，当按不同按键时就能喷出不同的饮料。

（五）搅拌器

搅拌器是在电动机轴上装上搅拌叶的机器。当打开电源开关时，由于电动机轴的旋转，搅拌叶随之旋转。酒吧用搅拌器来混合奶、鸡蛋等。

（六）果汁机

果汁机一般由盛水果的玻璃缸和装有电动机的底座两部分构成。使用果汁机时，应确保底座和玻璃缸切实套好，然后将水果等材料切成小块放入玻璃缸中，盖严。使用时应先以低速旋转，过 2 ~ 3 秒再改用高速。

（七）洗手槽

洗手槽专供调酒师洗手用。

（八）冰杯机

酒吧里的净饮、鸡尾酒、冷冻饮料、雪糕、啤酒等都要用冰杯服务。冰杯机的温度控制在4~6度，当杯子离开冰杯机时即有一层雾霜。冰杯机里有很多杯架，其工作原理同冰箱。

（九）洗杯槽

洗杯槽一般分为三格或四格，放置在两个服务区中心或最便于调酒师操作的地方。三格洗杯槽分为清洗槽、冲洗槽、消毒槽三个区域；洗杯槽两边都设有便于将洗过的杯子控干水的沥水槽。将杯子倒扣在沥水槽上，让杯子里的水顺槽沟流回池内。

（十）杯刷

杯刷一般放置在有洗涤装置的洗杯槽中。调酒师将杯扣放在杯刷上，向下压杯子的底部，并旋转杯身，这样才能洗净杯子的内部。将经过刷洗的杯子放到冲洗槽中冲洗，然后放到消毒槽中消毒，最后放到沥水槽上控干。

（十一）垃圾箱

垃圾箱用来盛放各种废弃物。

（十二）空瓶贮放架

空瓶贮放架用来装空的酒瓶和饮料瓶，将空的酒瓶收集后才能到贮存室换领新酒。有时空瓶贮放架可直接将空瓶运送到贮存室存放。

（十三）制冰机

每个酒吧都少不了制冰机，大型酒吧的制冰机是吧台的一部分。在选购制冰机前应事先确定所需要冰块的种类。每个制冰机只能制成某一种形状和型号的冰块。

（十四）扎啤机

扎啤机由啤酒柜、柜内的啤酒罐、二氧化碳罐、柜上的啤酒喷头以及连接喷头和罐的输酒管组成，输酒管越短越好。根据酒吧条件，扎啤机可放在吧台下面，也可以放在吧柜。如果吧台区域小，扎啤机可放在相邻的储藏室内，用管把啤酒喷头引到吧台内。扎啤机操作较简单，只需按压开关就会流出啤酒，最初几杯啤酒泡沫较多是正常现象。

（十五）贮藏设备

贮藏设备是酒吧不可缺少的设施，按要求一般设在吧柜区域。包括：酒瓶陈列柜台，主要摆放一些名贵烈性酒，既能陈放又能展示，以此增加酒吧的气氛，激起客人的消费欲望；冷藏柜，用于冷藏酒品、饮料及食品，如碳酸水、葡萄酒等；贮藏柜，大多数用品如毛巾、装饰签等需要存放在贮藏柜中。

二、调酒用具

（一）调酒壶

调酒壶（Shaker）又称摇酒器，它是用来将各种调酒材料摇匀的，型号分为大、中、小三种，容量为250～550毫升，以不锈钢制品最为普遍，此外还有合金、镀银等高档产品。调酒壶由壶身（Body）、滤冰器（Strainer）、壶盖（Top）三部分组成。也有二段式调酒壶，即只由壶身与壶盖组成。

图5－1 英式调酒壶

图5－2 美式调酒壶

（二）滤冰器

滤冰器又称滤网或过滤网，为一圆形带把状器具，上面有一段可取下的弹簧圈，当鸡尾酒调好后，把它架在调酒壶或调酒杯口上，将酒滤入杯中。

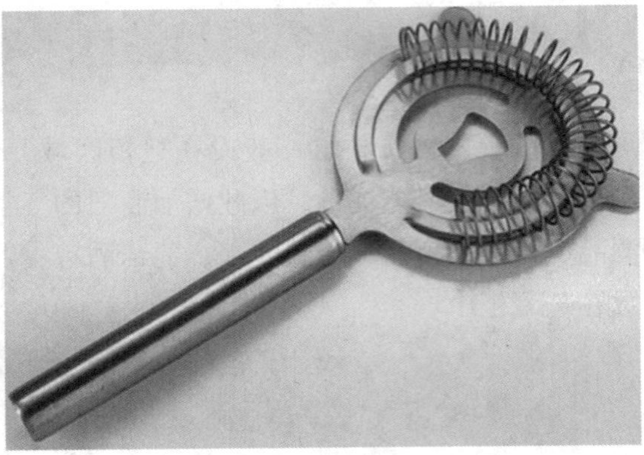

图 5－3　滤冰器

（三）吧匙

吧匙（Bar Spoon）为不锈钢制品，匙头大小如咖啡匙，另一端为叉，用来叉樱桃或橄榄。吧匙的主要作用是搅拌饮料。吧匙头与咖啡匙容量差不多，匙底浅、前端呈圆形，有些鸡尾酒配方用吧匙作为计量单位。为了避免搅拌饮料时滑动，吧匙柄通常呈螺旋上升状。

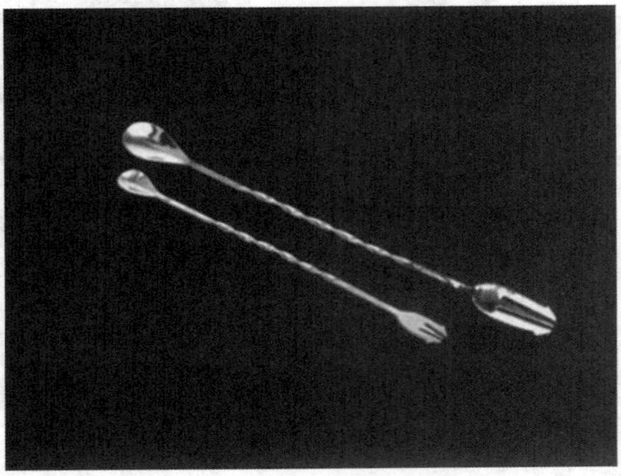

图 5－4　吧匙

（四）量杯

量杯（Measuring Cup）是调酒时用来度量酒的用量的，有玻璃制品和不锈钢制品，以不锈钢量杯最为普遍。比较标准和常用的是 1 盎司和 1.5 盎司组合式量杯。

图 5－5 玻璃量杯

图 5－6 不锈钢量杯

（五）开瓶钻

开瓶钻（Corkscrew）是酒吧最常用的一种多功能工具，又称为“调酒师之友”（Bartender's Friend）。开瓶钻上除了普通扳头外，还有一螺旋式钻头，可以用来开启软木塞包装的葡萄酒。此外还有各种各样的开瓶器、开罐器等。

图 5－7 开瓶钻

（六）冰夹

冰夹（Ice Tongs）是用来夹冰的不锈钢工具。

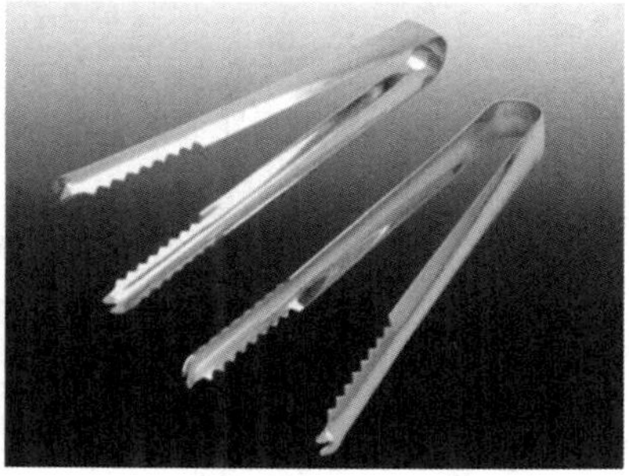

图 5－8 冰夹

（七）冰桶

冰桶（Ice Bucket）是用来盛冰块的容器，有各种不同的型号。

图 5－9　冰桶

（八）砧板

砧板（Cutting Board）是酒吧常用工具之一，有塑料与木制两种。

图 5－10　砧板

（九）吧刀

吧刀（Bar Knife）一般是不锈钢刀，酒吧用的是小型或中型不锈钢刀，刀口必须锋利，这是为了让调酒师能迅速做好装饰和清洁工作，也是安全的需要。

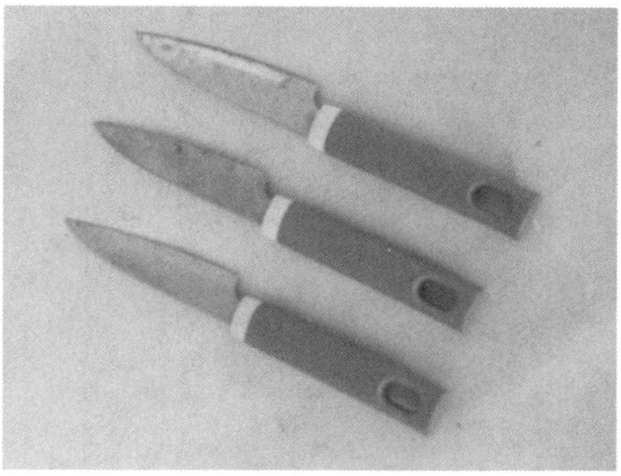

图 5－11　吧刀

（十）榨汁工具

榨汁工具（Squeezer）是专门用来压榨含有丰富果汁的水果的，如柠檬、橙等，可分为榨汁机和榨汁器。

图 5－12　榨汁机

图 5－13　榨汁器

三、酒吧的载杯

（一）鸡尾酒杯

传统的鸡尾酒杯（Cocktail Glass）通常呈三角形或倒梯形，容量为 4.5 盎司左右，专门用来盛放各种软饮料。鸡尾酒杯还可以是形状奇特的异形杯，但所有的鸡尾酒杯都必须具备以下条件：第一，不带任何花纹和色彩，色彩会混淆酒的颜色；第二，不可用塑料制成，塑料会使酒走味；第三，一定是高脚的，便于手握，因为鸡尾酒要尽量保持冰冷，手的触摸会使其变暖。

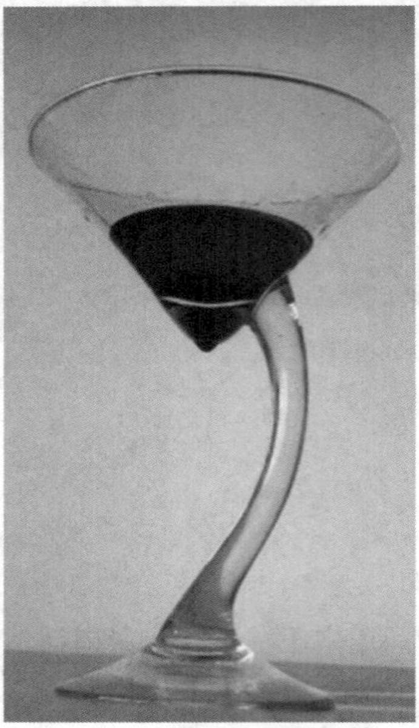

图 5 - 14　鸡尾酒杯

（二）高球杯和卡伦杯

高球杯（Highball Glass）即直筒杯，又称海波杯，容量一般为 8 ~ 10 盎司，常用于盛放各种软饮料。卡伦杯（Collins Glass）是比高球杯细且长，像烟囱一样的大酒杯，其容量为 10 ~ 12 盎司，适用于盛放如“汤姆卡伦”一类的饮料，通常要加两支吸管。

图 5 - 15　高球杯

图 5 - 16　卡伦杯

（三）古典杯

古典杯（Old Fashioned Glass）又称岩石杯（Rock Glass）。饮用需加冰块的酒类（如威士忌）常用此杯。这种杯杯身短小，杯口较宽，容量约为 8 盎司。

图 5－17　古典杯

（四）威士忌杯

纯饮威士忌时使用威士忌杯（Whisky Glass），这种杯子通常容量为 1 盎司。用威士忌杯饮用威士忌可以充分享受威士忌的色彩。此外，它还可以当作量杯使用。

图 5－18　威士忌杯

（五）白兰地杯

白兰地杯（Brandy Glass）又称为白兰地吸杯（Snifter），是一种形似郁金香的酒杯。酒杯腰部丰满，杯口缩窄，酒杯的容量为 6 盎司左右，但饮用白兰地时一般只倒 1 盎司左右的量。

图 5－19　白兰地杯

（六）香槟杯

香槟杯（Champagne Glass）有很多种类，最常用的有浅碟香槟杯（Champagne Saucer）和郁金香形香槟杯（Champagne Tulip）两种。香槟杯常用于庆典场合，也可用来盛鸡尾酒。容量为 3 ~6 盎司，以 1 盎司的香槟杯为用途最广。

图 5－20　郁金香形香槟杯

图 5－21　浅碟香槟杯

（七）酸酒杯

通常将带有柠檬酸味的酒称为酸酒，盛放这种酒的杯子称为酸酒杯（Sour Glass）。酸酒杯为高脚杯，容量为 4～6 盎司。

图 5－22　酸酒杯

（八）利口酒杯

利口酒杯（Liqueur Glass）主要用于饮用利口酒，其容量为 1 盎司左右。

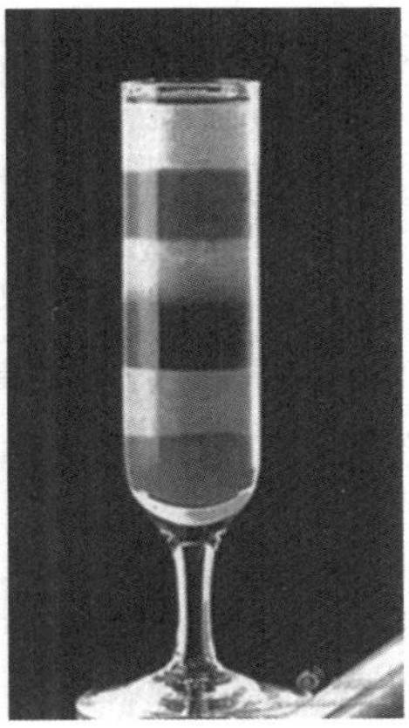

图 5－23　利口酒杯

（九）葡萄酒杯

葡萄酒杯（Wine Glass）分为红葡萄酒杯和白葡萄酒杯两种。

图 5－24　红、白葡萄酒杯

练习题

一、选择题

1. 从现代酒吧企业经营的角度看，酒吧是提供（　　），以赚取利润为目的，作有计划经营的一种经济实体。

A. 中式菜肴及饮品　　B. 西式菜肴

C. 中式菜肴　　D. 服务及饮品

2. 酒店常见的酒吧形式包括站立式酒吧、鸡尾酒廊、（　　）和宴会酒吧。

A. 健身酒吧　　B. 休闲酒吧　　C. 服务酒吧　　D. 展卖酒吧

3. 酒吧吧台的标准高度应为（　　）。

A. 80 厘米　　B. 95 厘米　　C. 135 厘米　　D. 106～117 厘米

4. 吧台的台面宽度一般为（　　）。

A. 0.5～0.75 米　　B. 1 米

C. 1.25 米　　D. 1.5 米

5. 酒吧实行三级组织结构体系，即酒吧人员自上而下分为（　　）和服务员三个层次。

A. 副经理、调酒师　　B. 经理、领班

C. 领班、实习生　　D. 领班、调酒师

6. 在中、小型饭店的酒吧中，领班又可分为调酒领班和（　　）。

A. 酒吧主管　　B. 餐饮领班　　C. 服务领班　　D. 调酒主管

7. （　　）不是酒吧的清洁用具。

A. 拖布　　B. 脏杯清洁台　　C. 推尘器　　D. 吸尘器

8. （　）是酒吧的调酒用具之一。

A. 装饰物　　B. 冰块　　C. 调酒壶　　D. 啤酒配出器

9. 量杯是酒吧的（　　）用具之一。

A. 运输　　B. 储物　　C. 清洁　　D. 调酒

10. （　　）属于进行酒水服务的用具。

A. 配料盒　　B. 酒杯　　C. 咖啡杯　　D. 招贴画

11. 海波杯或卡伦杯（　　）。

A. 应是平底高杯　　B. 应是宽口矮脚杯

C. 应是高脚窄口杯　　D. 应是高脚方口水杯

12. 保证饭店中所有酒吧处于正常运转的状态，是（　　）。

A. 酒吧领班的责任　　B. 服务领班的义务

C. 酒吧主管的职务要求　　D. 酒吧经理的主要职责

13. 调酒用具不包括（　　）。

A. 调酒壶　　B. 滤冰器　　C. 吧匙　　D. 杯刷

二、判断题

（　　）1. 酒吧吧台的标准高度高于 130 厘米。

（　　）2. 保证饭店中餐部处于正常运转的状态，是酒吧经理的主要职责。

（　　）3. 按照酒吧领班的安排，在指定的岗位调制各种饮料是调酒师的主要职责。

（　　）4. 调酒杯是酒吧的调酒用具之一。

（　　）5. 利口酒杯是平底高杯。

（　　）6. 保证饭店中所有酒吧处于正常运转的状态，是酒吧经理的主要职责。

（　　）7. 从现代酒吧企业经营的角度看，酒吧是提供服务及饮品，以赚取利润为目的，作有计划经营的一种经济实体。

（　　）8. 在中、小型饭店的酒吧中，领班又可分为服务领班和调酒领班。

（　　）9. 酒吧的制冷设备主要有冰箱、立式冷柜、制冰机、碎冰机和果汁机。

（　　）10. 调酒壶是酒吧的调酒用具之一。

（　　）11. 进行酒水服务的用具包括托盘。

（　　）12. 进行酒水服务的用具包括咖啡杯。

（　　）13. 海波杯是平底杯。

模块 6

饮料概述

精讲 1 软饮料

一、饮料含义

凡是可以饮用的液体都可以称为饮料，但是不包括水、药水、酒精。

二、饮料的分类

（1）按物理形态可分为液态饮料和固态饮料；
（2）按是否含有酒精可分为无酒精饮料（软饮料）和酒精饮料；
（3）按是否含有二氧化碳可分为碳酸饮料和非碳酸饮料。

三、软饮料

（一）碳酸饮料

碳酸饮料是包含二氧化碳气体的饮料的总称。它的特点是在饮料中充入二氧化碳气体，当饮用时，会感觉到泡沫多而细腻，外观宜人，饮后爽口清凉，具有清新口感。

1. 碳酸饮料的分类

（1）普通型碳酸饮料。普通型碳酸饮料是指加压注入二氧化碳的饮料，饮料中不含有人工合成的香料和天然香料，如苏打水（Soda Water）以及带气矿泉水。

（2）果香型碳酸饮料。果香型碳酸饮料主要是依靠食用香精和食用色素，拥有一定水果香型和色泽的碳酸饮料。这类饮料，色泽鲜艳、不含营养素，一般只起清凉解渴作用。其品种繁多，产量也很大。人们可以用不同的食用香精和食用色素来模仿任何水果的香型和色泽，制造出各种果香型碳酸饮料。如七喜（Seven Up）、汤利水（Tonic Water）和姜汁汽水（Ginger Ale）。

（3）果汁型碳酸饮料。果汁型碳酸饮料是在原料中添加一定量的新鲜果汁制成的碳酸饮料。它除了具有相应的水果所特有的色、香、味之外，还含有一定的营养素，有利于身体健康。现在果汁型碳酸饮料越来越受到人们的喜爱与欢迎。

（4）可乐。可乐的香味除了来自特殊植物的提取液外，还含有砂仁、丁香等多种混合物的香味，因而味道特殊，极受人们的欢迎。

2. *碳酸饮料的主要原料*

碳酸饮料的主要原料包括饮料用水、二氧化碳和食品添加剂三大类。原料品质的优劣，将直接影响到产品的质量。因此，调酒师必须掌握各种原料的成分、性能、用量和质量标准，并进行相应的处理。

（1）饮料用水。碳酸饮料中水的含量在90%以上，故水质的优劣对产品的质量影响很大。饮料用水对水质的要求比一般饮用水更严格，对水的硬度、浊度、色、味，铁、锰、有机物、微生物等多项指标都有比较高的要求。即使经过严格处理的自来水，也要再经过适当的处理才能作为饮料用水。

一般来说，饮料用水应当无色无味，清澈透明，无悬浮物、沉淀物，总硬度在8度以下，pH值为7。

（2）二氧化碳。碳酸饮料所用的二氧化碳一般都是用钢瓶包装的，被压缩成液态，并要经过特殊处理。

（3）食品添加剂。使用食品添加剂可使碳酸饮料的色、香、味俱佳，但要正确合理地选择食品添加剂。碳酸饮料在生产中常用的食品添加剂有甜味剂、酸味剂、香味剂、食用色素、防腐剂等。甜味剂主要是蔗糖；酸味剂主要是柠檬酸，还有苹果酸、酒石酸等；香味剂一般都是果香型水溶食用香精，目前使用较多的是橘子、香蕉、苹果等果香型水溶食用香精；食用色素多采用合成色素。

（二）矿泉水

矿泉水是经过地下深部径流而露出地表或经人工开采而涌出的地下水，它与一般江河湖泊的淡水以及海水有着明显的区别。

1. *矿泉水的分类*

（1）按用途可分为：医疗矿泉水、农用矿泉水、饮料矿泉水（不含气的矿泉水、含气矿泉水）、人工矿化水。

（2）按水温可分为冷泉（20℃以下）、低温泉（35℃左右）、温泉（35℃～40℃）、热矿泉（45℃～50℃）、高温泉（50℃以上）。

2. *世界著名矿泉水品种*

（1）法国毕雷（Perrier）矿泉水。毕雷矿泉水是一种带气的天然矿泉水，无色无味，具有提神作用。它的水源位于法国南部的葡萄园区，邻近韦尔热兹镇。公元前218年，一名叫汉尼拔的人发现了该矿泉水。到1863年，这种矿泉水开始装瓶售卖。英国人亨士华在试饮之后，称其为“水中香槟”，于1903年出资购入整个矿泉水的经营权，并以其好友的名字为此矿泉水命名。为了保持毕雷矿泉水的水质清纯，每瓶毕雷矿泉水装瓶前均经过双重过滤，装瓶的全部过程均受到法国政府的严密监管。毕雷矿泉水可用来代替苏打水调制混合饮料，目前是酒吧的必备品。

（2）法国伟图（Vittel）矿泉水。伟图矿泉水是一种无泡矿泉水，略带碱性，产于法国浮日山区的大自然保护区，没有任何工业和农业污染。雨水和融雪历经20年不断从无数层岩缝渗入，在极深的地底汇聚而成伟图矿泉水的泉源，其水质纯正，被公认为世界上最佳的纯天然矿泉水。伟图矿泉水的水质受到欧盟及法国的天然矿泉水法例的严格管制。相关法例规定，使用“Natural Mineral Water”标志的矿泉水，其水源不得再经处理，且装瓶过程必须受严格监督。因伟图矿泉水具备独有的品质，所以深受世界各国消费者的信赖。

（3）法国依云（Evian）矿泉水。依云矿泉水是由世界矿泉水的生产巨头依云集团生产的，是世界上销售量第一的矿泉水，它产自法国东南部依云莱班，以无泡、纯洁、略带甜味著称，口感特别柔和。依云矿泉水起源于阿尔卑斯山，天然的冰川沙粒和黏土形成了防止污染的网带，矿泉水经过15年的天然过滤后被开采出来，其水质纯净，富有均衡的矿物质。

（4）崂山矿泉水。中国崂山矿泉水水质优良、洁净，不含杂质，矿物质丰富，早在20世纪80年代就已经享誉中外了。

精讲2 酒 类

一、酒的定义

酒是人们利用谷物、水果等原料通过一些特殊的酿造工艺制成的一种含有酒精的饮料，根据规定其酒精含量应为0.5%～75.5%。

酒的主要成分是乙醇和水，除了这两种物质外，还含有糖、醛类、酯类、杂醇、矿物质等成分。不同种类的酒的成分不同，其色、香、味等都有很大的差别。

二、酒精与酒度

酒精学名“乙醇”（Ethyl Alcohol），化学式为C_2H_5OH。

（一）酒精的物理性质

酒精在常温、常压下为无色透明的液体，可以与水无限混溶。标准状态下，酒精的沸点为78.3℃，冰点为－114℃。

（二）酒度

在酒中酒精的含量用酒度表示，它的含义是酒精含量的多少或纯度。

目前国际上使用的酒度表示法有三种：

1. 标准酒度（Alcohol by Volume）

标准酒度是法国著名化学家盖—吕萨克（Gay-Lussac）发明的，所以又称为盖—吕萨克法。它是指在20℃的条件下，每100毫升酒液中所含酒精的毫升数。通常用“% Vol”或“GL”表示。在20℃的条件下，当每100毫升酒中含有1毫升酒精时，可表示为“1% Vol”或“1 GL”。

2. 英制酒度（Degrees of Proof UK）

英制酒度是18世纪由英国人克拉克（Clark）发明的一种酒度表示法，现在在一些英联邦国家使用，用“Sikes”表示。

3. 美制酒度（Degrees of Proof US）

美制酒度用“Proof”表示。英制酒度和美制酒度的出现都早于标准酒度，它们三者之间的换算关系是：1 GL = 1.75 Sikes = 2 Proof。

中国采用的酒度表示法是标准酒度，规定在20℃时，每100毫升酒中含1毫升酒精，酒度即为1度，还可以用“1°”表示。

另外，在啤酒的酒标上标注的“11°”或“12°”并不是啤酒的酒度，而是酿造啤酒所用的麦芽汁的糖化度。啤酒的酒精含量很低，它的酒度不是按体积百分比计算，而是按质量百分比计算的，啤酒的酒度一般为2%～7.5%，即在20℃的条件下，每100毫升的啤酒中含有2%～7.5%的酒精。

三、酒的生产工艺

（一）糖化

部分酿酒原料中富含的不是单糖，而是淀粉，所以要在一定条件下先把淀粉转化成单糖。这一过程就是糖化，它主要是通过蒸煮来完成的。

（二）发酵

发酵是指酵母把酿酒原料中的糖转化为酒精和其他一些物质。通过发酵得到的酒液的酒精含量最高只能达到15%。

（三）蒸馏

由于通过发酵得到的酒液的酒精含量最高只能达到15%，要想生产酒精含量高的酒，必须通过蒸馏把酒精提纯，这道工艺用于生产烈性酒。

（四）陈化

陈化是改善酒质的工艺，不论是发酵酒还是蒸馏酒，刚生产出来时都十分生涩，必须经过一段时间的陈化，使酒进一步成熟，逐渐变得醇厚、柔和。绝大多数酒都需要进行陈化。

（五）勾兑

勾兑是将不同年份或不同来源的酒混合在一起，配制成符合质量标准的酒品。

四、酒的分类

酒按生产工艺可分为：发酵酒、蒸馏酒、配制酒和葡萄酒；按酒精含量，可分为高度酒、中度酒、低度酒。

（一）发酵酒

发酵酒又称作原汁酒或酿造酒，是在含有糖分的原料中加入酵母进行发酵得到的酒精饮料。发酵酒是人类最早酿造的酒精饮料。发酵酒的酒品有以下几种：

1. 黄酒

黄酒是中国最古老的酒精饮料之一。黄酒是以粮食为原料，经过特定的加工过程，受到酒药、酒曲和浆水中不同种类的霉菌、酵母和细菌的共同作用而酿成的一种低度压榨酒。

（1）黄酒的主要成分包括糖、醇类、甘油、有机酸、氨基酸、酯类、维生素等，是一种营养价值很高的酒品。

（2）黄酒的主要生产原料有糯米、粳米、黏黄米等。

（3）黄酒的特点：皆以粮食为原料酿成的发酵酒；常配中草药使之具有独特的风味；使用不同种类的麦曲或红曲，具有浓郁的曲味和曲香；用煎煮法进行灭菌，并用陶坛盛装，方便直接饮用，也便于久藏，黄酒越陈越香。

（4）黄酒的主要品种包括：

①绍兴酒。绍兴酒是我国最古老的黄酒品种，因产于浙江绍兴而得名。通过贮存可以使酒更加芳香质佳。酒色黄亮，滋味醇厚甘鲜，香气馥郁芬芳。

②老廒黄酒。老廒黄酒以糯米为原料，用摊饭法酿造，制造过程与绍兴酒不同，采取分批培养酿酒酵母和前发酵的方法。由于所用的浆水经过充分煎熬杀菌后再投入生产，故称为“老廒黄酒”。成品酒通常要贮存1～3年，酒液橙黄而透明，酒精度在15°以上。

③红曲黄酒。红曲黄酒是用红曲酿造的黄酒，在东南沿海地区十分著名，它对使用的糯米要求严格，所用的红曲呈红褐色，有特殊的香气。著名的福州红曲黄酒呈褐黄色，酒香浓郁，口味醇和，甜度爽适，余味绵长，是一种半甜型黄酒，酒精度为14.5°～17°，糖分在3%以上。

④沉缸酒。沉缸酒是福建省龙岩酒厂生产的一种甜型黄酒，酒液呈红褐色，清澈芳香，酒质醇厚，入口甘甜，余味绵长，酒精度为20°。酒中还含有适量氨基酸，是一种营

养价值较高的酒精饮料。

2. 啤酒

啤酒是一种以大麦为主要原料，加入啤酒花发酵制成的带有泡沫、有特殊香味、味道微苦的低酒精含量饮料。啤酒是历史上最古老的酒精饮料之一。

（1）啤酒的主要成分：大麦、水、酵母和啤酒花。

（2）啤酒的生产流程：选麦→制浆→煮浆→冷却→发酵→陈酿→过滤→杀菌→包装。

（3）啤酒的分类：按颜色，分为深色啤酒与浅色啤酒；按发酵工艺，分为上发酵啤酒与下发酵啤酒；按麦芽汁浓度高低，分为低浓度啤酒（麦芽汁浓度为7°~8°，酒精含量在2%左右）、中浓度啤酒（麦芽汁浓度为11°~12°，酒精含量为3.1%~3.8%）、高浓度啤酒（麦芽汁浓度为14°~20°，酒精含量为4.9%~5.6%）；按是否经过杀菌处理，分为生啤酒（未经巴氏消毒直接入桶密封的啤酒，营养价值高，保质期只有一个星期）与熟啤酒（经巴氏消毒的啤酒，保质期长达6个月）。

（4）世界著名啤酒生产国有如下几个：

①德国。德国是世界啤酒生产与消费的主要国家之一，拥有啤酒厂家1 500多个，其中2/3集中在巴伐利亚地区，因此巴伐利亚有“德国啤酒库”之誉。德国生产的啤酒品种达5 000多种。按德国酒税法的规定，德国啤酒可以依照酒液中麦芽汁浓度分为四种：2%~5%，8%，11%~14%，16%。其中第三种即麦芽汁含量为11%~14%的啤酒的产量最多，约占总产量的98%。德国多生产下发酵淡啤酒，酒精含量为5%左右，最著名的产品是卢云堡。卢云堡是德国的传统啤酒，色泽较浓。它的狮子商标享有盛名，目前在国际上销量很大，有355毫升瓶装和330毫升听装等规格。德国还生产独特的贝克啤酒。贝克啤酒的生产季节是夏季与秋季，这种啤酒酒精含量很高，巴伐利亚地区生产的贝克啤酒酒精含量高达13%。这种酒保质期很短，一般酿出后就必须立即饮用。因此，每年只有几个月的时间供应贝克啤酒。慕尼黑啤酒是德国慕尼黑地区生产的优质啤酒。此啤酒口感爽适，有浓郁的焦麦芽香味，口味微苦。此外，在德国不经巴氏消毒的生啤酒也很受人们的欢迎。

②捷克和斯洛伐克。捷克和斯洛伐克以生产比尔森啤酒而闻名于世。比尔森啤酒原产自波希米亚的比尔森地区，由于波希米亚地区产有独特的啤酒花和优质的水质，比尔森啤酒带有浓郁的地方特色。它温润柔和，口味清淡，酒精含量为5%，产品一般要在橡木桶中成熟，橡木桶则放置在当地特有的沙石地窖中。虽然目前世界各地有许多啤酒生产者都把自己的产品称为比尔森，但始终无法与捷克和斯洛伐克的比尔森啤酒媲美。

③丹麦。丹麦啤酒的生产和贩卖起始于15世纪，著名的啤酒有嘉士伯啤酒。

④荷兰。荷兰是世界著名啤酒喜力的产地。喜力啤酒公司自15世纪以来就生产传统的啤酒，现产量居世界第4位。该酒出口销量很大，并在50多个国家设有分厂，同时喜力啤酒的销量占本国啤酒销量的60%。

⑤比利时。比利时的啤酒产量大，品种多，质量高。1890年比利时开始生产拉戈啤酒，但斯苔拉·阿多瓦是目前比利时最著名的啤酒。此外，比利时还生产罗登巴格红爱尔

啤酒等。

⑥英国和爱尔兰。英国和爱尔兰的啤酒生产比较独特，二十世纪六七十年代，正当下发酵淡啤酒风靡世界各地的时候，英国和爱尔兰对此却反应冷淡，它们一直保持着自己传统的生产方法。在英国，人们日常饮用的啤酒以生啤酒、淡啤酒为主，由于这些产品大都用上发酵方法生产，饮用时一般无须冷冻。生啤酒通常用桶装，酒精含量为3.5%～4%；淡啤酒则用瓶盛装。爱尔兰以生产著名的吉尼斯黑啤酒闻名于世，这种被称为“男子汉的饮料”的啤酒颜色深褐，口感丰满，很受消费者的欢迎。

另外，美国以百威啤酒著称；日本著名啤酒品牌有麒麟、札幌、朝日、三得利等；中国也是世界啤酒生产和消费大国，著名的品牌有青岛啤酒、北京啤酒等。

（5）如何鉴别啤酒质量。首先从颜色入手，将啤酒倒入干净、无色透明的玻璃杯中，观看啤酒的颜色，浅色啤酒颜色淡黄或金黄，清亮、有光泽、不混浊；深色啤酒色泽棕黑，酒中无任何沉淀物。其次是香味，啤酒的香味主要是麦芽的清香和酒陈化后的香醇气味，黑啤和棕啤会带有焦煳的气味。再次是口味，优质啤酒入口香滑、可口、清爽且略带苦味，没有明显的刺激性。最后看泡沫，优质啤酒的泡沫洁白、细腻、挂杯、持久。当酒注入杯中时，酒液上的泡沫应保持4～5分钟才消失。

（6）啤酒的贮存与服务。

①啤酒的贮存。酒库应清洁卫生，保持干燥，无其他杂物；无阳光直接照射；保持一定的贮存温度，通常生啤酒保存温度应严格控制在10℃以下，熟啤酒控制在10℃～25℃（最好在16℃左右）；严格遵守贮存期限，生啤酒在正确的贮存温度下可以贮存5～7天，而熟啤酒可以贮存60～120天；按先进先出原则贮存；合理堆放。

②啤酒的服务。杯具要求：卫生。用专用的玻璃清洁剂洗涤，使用前最好轻度冷冻一下，以保持啤酒的饮用温度。温度要求：上桌服务前都要先将啤酒进行冷冻，特别是生啤酒，温度过高就会失去其独特的风味，冷冻的温度为3℃～5℃，正常饮用温度为4℃～7℃。啤酒冷冻的温度不宜太低，这样会使啤酒平淡无味且失去泡沫；饮用温度过高则会产生过多的泡沫甚至苦味太浓。应注意，通常啤酒的泡沫在杯沿下1.5～2厘米为宜。

3. 清酒

清酒以精白米为主要原料，以久负盛名的滩之宫水为水源，采用现代化科学方法酿制而成，在日本享有“国酒”之誉。

（二）蒸馏酒

蒸馏酒又称作烈性酒，是把经过发酵得到的酒液进行蒸馏而得到的酒精含量较高的酒液。蒸馏酒的出现晚于发酵酒。

1. 白兰地

广义的白兰地泛指以水果为原料，经发酵、蒸馏而成的酒液。狭义的白兰地是指以葡萄为原料，经发酵、蒸馏而成的酒液。

（1）白兰地的生产方法：把葡萄发酵、蒸馏成无色透明的酒液，然后装入橡木桶，贮存在酒窖里进行陈酿。陈酿可以改进白兰地的品质。在陈酿中，少量的空气会透过桶壁进入橡木桶中，酒液和空气接触后发生缓慢的氧化，变得更加醇和。酒液与橡木桶之间会发生物质交换，橡木独特的香气渗入酒中，使白兰地变得更加芳香。酒液同时也会吸收橡木桶的颜色，从无色透明逐渐变成琥珀色。白兰地在陈酿过程中，由于酒精的挥发，品质也会有所损失，所以白兰地以酒龄为 20～45 年的质量最好。

（2）白兰地等级表示方法：VSO：陈酿 3 年；VSOP：陈酿 5 年；XO：干邑极品。

2. 威士忌

世界著名的威士忌有四种：

（1）苏格兰威士忌（Scotch Whisky）。苏格兰威士忌的原料以大麦为主，大麦含有丰富的淀粉。其生产过程包括大麦发芽、制浆、发酵、蒸馏和勾兑等。它的主要特点为采用传统的罐式蒸馏，间歇蒸馏而成，蒸馏过程中提取酒头部分重新蒸馏，掐去酒尾部分，只留下酒心部分装入陈酿桶进行陈酿，陈酿后再由调酒师勾兑上市。苏格兰威士忌含有独特的麦芽而有浓烈的烟熏味。其品牌包括格兰菲迪（Glenfiddich）、百龄坛（Ballantine's）、金铃（Bell's）、顺风（Cutty Sark）、芝华士（Chivas Regal）等。

（2）爱尔兰威士忌（Irish Whisky）。爱尔兰是举世公认的威士忌发源地。据记载，早在 1170 年英国亨利二世的军队征服爱尔兰时就曾经喝过威士忌，这是关于威士忌最早的文字记录。爱尔兰威士忌的生产也是受到了炼金师蒸馏技术的影响，如果没有蒸馏技术是无法生产威士忌的。炼金术首先传到了爱尔兰，产生了爱尔兰威士忌，然后才传到苏格兰，从而形成了威士忌早期的酿造历史。爱尔兰威士忌具有柔和、略有一丝甜味、无泥炭的烟熏味等特点。其生产的方法与苏格兰威士忌大致相同，主要区别是使用的生产原料和蒸馏次数不同，生产出的威士忌酒精度也不一样。通常爱尔兰威士忌只用当地出产的原料来生产，绝大多数是以大麦为原料，有发芽的和不发芽的两种，只有少数的大麦进行发芽。此外，过去通常添加少量的小麦与黑麦，现在则添加燕麦。因为如果只使用大麦，发酵率就会降低，出酒率也会相应降低。爱尔兰威士忌用罐式蒸馏器蒸馏而成，并进行三次蒸馏，再用木桶长期贮存到成熟。另外，爱尔兰威士忌熏麦芽时所用的不是泥炭而是无烟煤，因而没有烟熏的味道。爱尔兰威士忌不但可以单独饮用，还可以用于制作爱尔兰咖啡。爱尔兰威士忌的品牌包括约翰·詹姆森（John Jameson）、布什米尔（Bushmills）、特拉莫尔露（Tullamore Dew）等。

（3）美国威士忌（American Whisky）。美国威士忌又称波本威士忌（Bourbon Whisky），呈琥珀色，包括单纯威士忌（Straight Whisky）、混合威士忌（Blended Whisky）、淡型威士忌（Light Whisky）。美国威士忌的主要产地有宾夕法尼亚、印第安纳和肯塔基。美国威士忌的品牌包括四玫瑰（Four Roses）、占边（Jim Beam）、施格兰（Seagram's）等。

（4）加拿大威士忌（Canadian Whisky）。加拿大威士忌又称黑麦威士忌（Rye Whisky），其主要生产原料是黑麦、玉米及其他谷物。它是典型的淡型威士忌，只用谷物生产，生产方法与爱尔兰威士忌相同，经过圆柱形蒸馏器蒸馏完毕后，酒液被装入小木桶，在 13℃和 65% 的湿度下贮存。加拿大威士忌基本上使用美国威士忌酒桶进行陈酿，并且至少陈酿4年才能进行勾兑和装瓶销售。陈酿时间越长，酒液越芳醇。加拿大威士忌按质量可分为陈酿4~5年、8年、10年和12年四类。

3. 金酒

金酒又称杜松子酒，起源于1660年。金酒具有健胃、解热等功能。金酒是用谷物酿制的中性酒精，加上杜松子生产而成。金酒蒸馏完毕后，一般可以直接稀释装瓶上市，不需要任何陈酿过程。金酒可分为荷式金酒（以大麦为主要原料，加入杜松子与香料蒸馏而成）和英式金酒（主要以玉米、大麦和其他谷物制成）。

4. 朗姆酒

朗姆酒是采用甘蔗汁或糖浆发酵而成的。朗姆酒主要产于加勒比海地区的西印度群岛一带，比较著名的产地有古巴、巴巴多斯、圭亚那、海地、牙买加、波多黎各等。朗姆酒分为淡色朗姆酒和深色朗姆酒两种。

5. 伏特加

伏特加最早起源于东欧国家，虽然它是俄罗斯的国酒，但很多权威人士始终认为它的产生与波兰有密切的联系。制作伏特加的主要原料是马铃薯，但最好的伏特加是由多种谷物蒸馏而成的。伏特加在世界上销量最大的是无色无味、酒液透明的中性品种。著名的伏特加品牌有绿牌伏特加（Moskovskaya）、红牌伏特加（Stolichnaya）等。

6. 特基拉酒

特基拉酒是墨西哥特有的烈性酒，是用龙舌兰酿造蒸馏而成的，是调制鸡尾酒的基酒之一。

（三）配制酒

配制酒是以发酵酒或蒸馏酒为基酒，加入各种酒精或非酒精物质生产而成。配制酒的名品多来自欧洲，其中以法国、意大利等国最有名。这类酒种类繁多，主要有开胃酒、甜食酒和利口酒三大类。

1. 开胃酒

开胃酒（Aperitif）又称为餐前酒。开胃酒的名称源于其专门在餐前饮用且能增加食欲。意大利和法国是世界上两大著名的开胃酒产地。常见的开胃酒有味美思、苦酒、茴香酒等。

（1）味美思（Vermouth）。味美思以葡萄酒为基酒，加入25~40种植物的根、茎、叶、皮、花、果实以及种子等芳香物质酿造而成。因这种酒加入了苦艾草（Wormwood），因此人们也称它为苦艾酒。味美思的酒精含量为17%~20%。这种酒最先由法国酿造，随后意大利、美国和南非也相继生产。味美思从含糖量来看可分为特干型（Extra Dry）、干型（Dry）、甜型（Sweet）等几种。通常干型味美思的颜色是无色透明或浅黄色；甜型味美思的颜色是红色或玫瑰红色。味美思多用来调配鸡尾酒，也可以加冰块饮用。味美思最著名的两个品种为甜型和干型。甜型味美思香味浓，葡萄味较浓，含葡萄酒原酒75%，喝后有甜苦的余味，略带橘香，甜型味美思以意大利生产的最为著名。甜型味美思是调制曼哈顿鸡尾酒的必备材料。为了配合其甜味，意大利味美思的酒标多为色彩艳丽的图案，分红、白两种。著名的甜型味美思品牌有：马天尼（Martini）、仙山露（Cinzano）、甘希雅（Cancia）。干型味美思涩而不甜，含葡萄酒原酒至少80%，以法国生产的最有名，它也是调制马天尼鸡尾酒的绝佳配料。

（2）苦酒（Bitters）。苦酒是从古药酒演变而成的，至今仍保留着药用和滋补的作用。苦酒是用葡萄酒和食用酒精作基酒，调配多种带苦味的花草及植物的茎、根、皮等制成的。现在苦酒的生产越来越多地采用直接将酒精与草药精勾兑的工艺。酒精含量一般为16%～40%，具有促进消化、滋补和产生兴奋的作用。

（3）茴香酒（Pastis）。茴香酒以纯食用酒精或蒸馏酒作为基酒，加入茴香油或甜型大茴香子制成。茴香油是从青茴香和八角茴香中提炼出来的，一般含有苦艾素。著名的茴香酒产地是法国波尔多地区。茴香酒分无色和染色两种，酒精度为25°左右。

2. 甜食酒

甜食酒（Dessert Wines）因其在西餐中配合最后一道甜食饮用而得名，其主要特点是口味较甜。甜食酒通常以葡萄酒作为基酒，酒精含量是普通餐酒的两倍，开瓶后仍可保存较长的时间。甜食酒又称为强化葡萄酒，常见的有雪利酒、波特酒、玛德拉等。

（1）雪利酒（Sherry）。雪利酒产于西班牙的赫雷斯，是西班牙的国酒。其种类包括菲诺（Fino）、欧罗索（Oloroso）等。雪利酒在专门的贮存库中通风、通气，经过一段时间的贮存，达到规定的酒龄（一般不超过3年）即可进行有关方面的处理，如调配、杀菌、澄清、装瓶等，同时也可做成其他类型的雪利酒。

（2）波特酒（Port wine）。波特酒是葡萄牙的国酒，是世界上最著名的甜食酒之一。波特酒的生产工艺特殊，在葡萄发酵的中途，为了保留它所含的天然葡萄糖分，加入葡萄酒精，即白兰地，以终止其发酵，使其变得甜蜜而醇厚，故而这种酒的酒精含量较高，达到15°～20°，超过一般的葡萄酒。上品波特酒的贮存时间要求达到4～6年。实际上，波特酒究竟贮存多少时间是根据不同消费者的要求而定的。有的国家的消费者喜欢鲜红或紫红的、具有芬芳果香的波特酒，这是贮存时间短的新酒，其酒龄一般为1～2年；有的国家的消费者喜欢色泽为茶红色的、具有浓郁陈酒香味、柔和润口的波特酒，这种波特酒属于贮存时间长的老酒，它的酒龄多为4～6年，有的酒龄甚至在10年以上。波特酒既可纯饮，也可佐餐。

3. 利口酒

利口酒（Liqueur）是由蒸馏酒（如白兰地、威士忌、朗姆酒、金酒、伏特加、中性酒精）或葡萄酒加入一定的加味材料（如树根、果皮、香料等），经过蒸馏、浸泡等过程生成的一种甜化、加香的配制酒。

（四）葡萄酒

1. 葡萄酒的常识

葡萄酒是以葡萄为原料酿制而成的酒，属于一种酿造酒。目前全世界80%的葡萄酒都产自欧洲。欧洲最早的酿酒葡萄为高加索地区的维尼费拉种葡萄，后经长期改良，研究发展出多种各具特色的品种，依其果皮颜色可分为白葡萄（绿皮）和黑葡萄（黑皮、红皮、紫皮）两大类。无论是白葡萄还是黑葡萄，其主要构造均由果肉、果皮及种子组成，其中果肉含有糖分、水分、苹果酸、酒石酸、柠檬酸与矿物质；果皮是色素、单宁、芳香物质等的来源，并包含纤维素及果胶，酵母也存在于果皮部分；葡萄种子储存大量单宁和油脂，葡萄梗也多存有单宁，还含有水分及矿物质。各种葡萄酒的酿造过程虽然不完全相同，但大致可分为：选料、碎皮去梗、榨汁、发酵、陈化、装瓶6个步骤。其中，以橡木桶为主要工具的培养过程，是促使葡萄酒得以产生各种变化的一大条件。橡木桶之所以胜过其他木材制的酒桶，是因为葡萄酒在桶中培养时，氧气能缓缓渗入，使桶内的酒进行温和适度的氧化，既可达到柔化酒中单宁的效果，也使得酒性在酝酿成熟的过程中更加稳定。

2. 葡萄酒的定义与分类

（1）葡萄酒的定义。葡萄酒是以100%葡萄为原料经过自然发酵产生的酒。

（2）葡萄酒的类型与特色。葡萄酒根据酿造方式的不同可分为静态葡萄酒、起泡葡萄酒及加烈葡萄酒三类，一般惯称的白葡萄酒、红葡萄酒即属于静态葡萄酒，香槟酒则属于起泡葡萄酒。

①静态葡萄酒。由于静态葡萄酒排除了发酵后产生的二氧化碳，故称无气泡酒。这类酒是葡萄酒的主流产品，酒精含量为8%～15%；依其葡萄品种与酿制方式的不同，又分为白葡萄酒、红葡萄酒与玫瑰红酒。白葡萄酒只用葡萄汁液进行发酵，且培养期通常在1年以内，所得到的酒口味较清爽，单宁含量低，还带有水果香味及果味酸。红葡萄酒是将葡萄的果皮、果肉、种子等与果汁一起发酵，其培养期在1年以上，所得到的酒口味较白葡萄酒浓郁，多含单宁而带涩味，但因发酵程度较高，通常不甜。但由于酒性比白葡萄酒稳定，通常拥有数年甚至数十年的保存期。玫瑰红酒是在白葡萄酒中掺入红葡萄酒而成，所谓“玫瑰红”是形容它的色泽，亦可以缩短红葡萄酒浸皮的时间来酿制玫瑰红酒，口味介于白葡萄酒与红葡萄酒之间。

②起泡葡萄酒。起泡葡萄酒因装瓶后经两次发酵会产生二氧化碳而得名，酒精含量为9%～14%。这类酒以法国香槟区所产的“香槟酒”最负盛名，其他如意大利起泡葡萄酒（Spumante）、德国起泡葡萄酒（Sekt）亦属之。

③加烈葡萄酒。加烈葡萄酒是在发酵过程中或发酵后，添加其他高浓度的烈酒制成。此类酒的酒精含量较高，为15%～22%。加烈葡萄酒通常要经过较长的培养期，而且混合不同年份及产区的酒制成；酒性比较稳定，可保存较久。葡萄牙的波特酒与西班牙的雪利酒都是此类的佼佼者。

（3）酿造红葡萄酒的葡萄品种。

①赤霞珠（Cabernet Sauvignon）。赤霞珠是世界著名的黑葡萄品种，它是法国波尔多地区的代表品种。

②梅洛（Merlot）。梅洛是波尔多地区种植最为广泛的葡萄品种，由它酿造出的葡萄酒柔和芳香。

③佳美（Gamay）。佳美是勃艮第最重要的葡萄品种，产量占全区1/2。广为人知的薄若莱佳美（Gamay Beaujolais）即以佳美酿造，它的口感清新且富含果香，并有着新鲜酸涩味。

④黑皮诺（Pinot Noir）。黑皮诺被称作“顽皮的葡萄姑娘”，在勃艮第能酿造出最高档次的红葡萄酒。它通常单独酿成颜色浅而酒体清雅的红葡萄酒，而不和其他品种混合。由黑皮诺酿制的红葡萄酒，散发草莓的果香。上乘的黑皮诺出自勃艮第的金丘(Cote d'or)，这个地方酿造的红葡萄酒是世界上最高级的红葡萄酒之一。

⑤品丽珠（Cabernet Franc）。品丽珠作为赤霞珠的近亲，其原产地一般被认为是波尔多地区。然而，在卢瓦尔（Loire）和法国其他一些地区以及美国东部和西部的一些州也种植该品种。

⑥西拉（Syrah）。西拉在澳大利亚被称作 Shieaz 和 Hermitage。法国隆河谷地（Rhone Valley）是其原产地。

（4）酿造白葡萄酒的品种。

①莎当妮（Chardonnay）。法国的勃艮第白葡萄酒（White Burgundy）和夏布利葡萄酒（Chablis Wine）以及世界上其他一些优质起泡葡萄酒、餐酒都有莎当妮的身影。该品种对气候有很强的适应性。

②薏丝琳（又称雷司令，Riesling）。薏丝琳是德国最重要的葡萄品种，它与其他葡萄品种有着显著的不同——果实的表面是白色的，好像裹了一层面粉。用薏丝琳酿制的葡萄酒，其特点是柔和，并带有鲜花的芬芳。薏丝琳酿制的葡萄酒大多数是干型的，也有半干型的。中欧最有名的薏丝琳葡萄酒非常甜，它是用“贵妇”葡萄酿制而成的。

（5）葡萄酒的等级。依据欧盟的规定，葡萄酒可分为两大类：日常餐酒和产自特定地区的葡萄酒（VQPRD）。法国葡萄酒共分为四个等级：法定产区葡萄酒（AOC）、优良地区餐酒（VDQS）、地区餐酒（VDP）、日常餐酒（VDT）。意大利的分级制度从 1963 年开始成立，一共分为四个等级，其中 DOC 和 DOCG 属于特定产地出产的优质葡萄酒，而另两种 IGT 和 VDT 则属于比较普通的餐酒。德国于 1971 年对葡萄酒的分类进行了立法，由低到高分为四个等级：普通餐酒（Tafelwein）、地区餐酒（Landwein）、优质地区餐酒（QbA）、高级优质地区餐酒（QmP）。

（6）香槟酒。香槟酒是以它的原产地——法国一个叫香槟区的地方命名的。香槟区采用传统酿造法（Methode Champenoise）来酿造香槟酒。传统的香槟酒是由两种黑葡萄黑皮诺、莫尼耶皮诺和白葡萄霞多丽经独自发酵后，进行调配混合，在酒瓶内经第二次发酵而成，并形成天然气泡。国际法例规定：唯有在香槟区采用传统酿造法来酿造的起泡葡萄酒才能称为香槟酒，不符合这个规定的，一概只能称为起泡葡萄酒。例：起泡葡萄酒在西班牙叫作“Cava”，在德国叫作“Sekt”，在意大利叫作“Spumante”，甚至在法国香槟区以外地区酿造的起泡葡萄酒也只能叫作“Vin Mousseux”，而不能以“香槟酒”来命名。

香槟酒的种类：按使用葡萄区，可分为白中白（Blanc de Blanc）、黑中白（Blanc de Noirs）、玫瑰红（Rose）香槟酒。酿制香槟的调配酒（Cuvee）几乎都要加糖，只有标明为不加糖（Non Dosage）的才例外。香槟的甜度分为六级，由最干到最甜分别为：超干型（Extra Brut）——每公升剩余糖分为6克；干型（Brut）——每公升剩余糖分为15克；半干型（Extra Dry）——每公升剩余糖分为15～20克；甜型（Sec）——每公升剩余糖分为20～35克；特甜（Demi Sec）——每公升剩余糖分为35～50克；绝甜型（Doux）——每公升剩余糖分为50克以上。

练习题

一、选择题

1. 酒的生产是建立在微生物的基础上的，酿酒原料中的糖在酶的作用下，最终转化为（　　）。

A. 甲醇　　B. 甲醛　　C. 乙醛　　D. 乙醇

2. （　　）工艺可以改善酒质，使酒进一步成熟，逐渐变得醇厚、柔和。

A. 蒸馏　　B. 发酵　　C. 糖化　　D. 陈化

3. 酒的主要成分是（　　）和水。

A. 乙醇　　B. 甲醇　　C. 甲醛　　D. 乙醛

4. 白兰地的颜色来源是（　　）。

A. 自然生色　　B. 非人工增色

C. 来自酿酒原料本身　　D. 人工增色

5. 标准状态下，乙醇的（　　）。

A. 沸点为100℃，冰点为0℃　　B. 沸点为100℃，冰点为－114℃

C. 沸点为99.3℃，冰点为0℃　　D. 沸点为78.3℃，冰点为－114℃

6. “Sikes”是（　　）的表示方法。

A. 标准酒度　　B. 英制酒度　　C. 美制酒度　　D. 法制酒度

7. 在《韦氏辞典》中，关于酒的定义是这样说的：凡酒精含量在（　　）的酒精饮料都可以称为酒。

A. 0.5%～75.5%　　B. 95%以上

C. 85.5%以上　　D. 5.5%～95.5%

8. 发酵酒又称原汁酒或酿造酒，是在含有糖分的原料中加入（　　）进行发酵而得到的酒精饮料。

A. 酒精　　B. 酵母　　C. 脂肪　　D. 霉菌

9. 下列属于蒸馏酒的是（　　）。

A. 啤酒、葡萄酒　　B. 白兰地、啤酒

C. 威士忌、葡萄酒　　D. 白兰地、威士忌

10. 黄酒的酒度一般为（　　）。

A. 15°～20°　　B. 30°左右

C. 3°～13°　　D. 10°以下

11. 清酒的口味（　　）。

A. 非常干涩　　B. 酸度大、苦味较明显

C. 酸度小、微苦　　D. 比较甜腻

12. 制作清酒的主要原料是（　　）。

A. 精白米　　B. 大麦　　C. 小麦　　D. 甘蔗

13. 啤酒的生产过程主要包括（　　）。

A. 米曲、用水、蒸饭等　　B. 洗米、米曲、用米、用水等

C. 蒸饭、用米等　　D. 选麦、陈酿、发酵等

14. 以糯米、粳米、黏黄米为主要生产原料制作的是（　　）。

A. 金酒　　B. 白酒　　C. 黄酒　　D. 味美思

15. 啤酒中含有丰富的（　　）。

A. 维生素 A　　B. 维生素 B　　C. 维生素 C　　D. 维生素 E

16. 红葡萄酒和白葡萄酒在酿造过程中的最大区别在于（　　）。

A. 发酵时间的长短

B. 红葡萄酒只使用红葡萄、白葡萄酒只用白葡萄

C. 是否采用在酒液中浸皮发酵

D. 使用的葡萄的颜色不同

17. Cabernet Sauvignon 葡萄在波尔多地区酿制葡萄酒主要与（　　）搭配。

A. Gamay　　B. Pinot Noir　　C. Cabernet Franc　　D. Merlot

18. 原产自勃艮第，目前在全世界最受欢迎的酿造白葡萄酒的品种是（　　）葡萄。

A. Chenin Blanc　　B. Chardonnay　　C. Riesling　　D. Sauvignon Blanc

19. （　　）地区用于酿制红葡萄酒的主要葡萄品种有 Cabernet Sauvignon、Merlot、Cabernet Franc。

A. 隆河谷　　B. 波尔多　　C. 勃艮第　　D. 阿尔萨斯

20. 传统酿造法规定香槟酒必须在酒瓶中进行（　　）。

A. 第三次发酵　　B. 第一次发酵　　C. 第二次发酵　　D. 多次蒸馏

21. 含糖量为每公升 20～35 克的香槟酒属于（　　）。

A. Extra Sec　　B. Extra Brut　　C. Sec　　D. Demi Sec

22. 标有“Blanc de Blanc”的香槟酒是用（　　）葡萄酿造的。

A. Koomry　　B. Chardonnay　　C. Syrah　　D. Cabernet Sauvignon

23. （　　）是构成红葡萄酒口味结构的主要成分。

A. 酵母　　B. 乙醛　　C. 丙酚　　D. 单宁

24. 法国葡萄酒的质量等级可以分为：（　　）。

A. Tafelwein、Landwein、VDQS、AOC

B. DOCG、IGT、VDT、DOC

C. VDT、VDP、VDQS、AOC

D. DOCG、DOC、VDP、AOC

25. 意大利葡萄酒的质量等级可以分为：（　　）。

A. Tafelwein、Landwein、VDQS、AOC

B. DOCG、DOC、IGT、VDT

C. VDT、VDP、VDQS、AOC

D. DOCG、COD、VDP、AOC

26. 德国葡萄酒的质量等级可以分为：（　　）。

A. VDT、VDP、VDQS、AOC

B. DOCG、DOC、AOC

C. Tafelwein、Landwein、QbA、QmP

D. DOCG、DOC、VDP、AOC

27. 大麦是制作（　　）的主要原料。

A. 味美思　　B. 白兰地　　C. 美国威士忌　　D. 朗姆酒

28. 葡萄酒及发酵的葡萄汁主要是制作（　　）的原料。

A. 味美思　　B. 朗姆酒　　C. 白兰地　　D. 金酒

29. 制作伏特加的主要原料是（　　）。

A. 豆类　　B. 小麦　　C. 马铃薯　　D. 甘蔗

30. 朗姆酒的主要原料是（　　）。

A. 豆类　　B. 甘蔗制糖的副产品、糖蜜和糖渣

C. 糯米　　D. 稻米

31. 荷式金酒是以大麦为主原料，加入杜松子与香料（　　）而成。

A. 勾兑　　B. 蒸馏　　C. 发酵　　D. 配制

32. （　　）具有烟熏的焦香味。

A. Scotch Whisky　　B. American Whisky

C. Irish Whisky　　D. Canadian Whisky

33. 波本威士忌的酒液呈（　　）色。

A. 无色透明　　B. 琥珀　　C. 淡棕　　D. 深棕

34. (　　) 具有无泥炭的烟熏味。

A. Scotch Whisky　　B. Irish Whisky

C. American Whisky　　D. Canadian Whisky

35. (　　) 至少陈酿 4 年才能进行勾兑和瓶装销售。

A. Scotch Whisky　　B. Irish Whisky

C. Canadian Whisky　　D. American Whisky

36. 以葡萄酒或某些蒸馏酒为基酒，加入植物 (　　) 和药材制成苦酒。

A. 叶子　　B. 树枝　　C. 树皮　　D. 根茎

37. (　　) 是以纯食用酒精或蒸馏酒为基酒制成的。

A. 味美思　　B. 茴香酒　　C. 伏特加　　D. 白酒

38. (　　) 不属于饮料。

A. 矿泉水　　B. 白兰地　　C. 水　　D. 咖啡

39. 固态饮料和液态饮料是按照饮料的 (　　) 进行区分的。

A. 酒精含量　　B. 物理形态　　C. 化学性质　　D. 生产饮料

40. 在酒的生产过程中，必须经过 (　　) 工艺，才能产生酒精。

A. 蒸馏　　B. 发酵　　C. 糖化　　D. 陈化

41. 酒的颜色 (　　)。

A. 以绿、深红色为主　　B. 以红、白色为主

C. 只有白、红、黄三色　　D. 多彩缤纷，应有尽有

42. “Proof” 是 (　　) 的表示方法。

A. 标准酒度　　B. 英制酒度　　C. 美制酒度　　D. 法制酒度

43. 标准酒度和美制酒度的换算关系是 (　　)。

A. 1 GL = 2 Sikes　　B. 2 GL = 1.75 Sikes

C. 1 GL = 1.75 Proof　　D. 1 GL = 2 Proof

44. 发酵酒又称原汁酒或酿造酒，是在含有糖分的原料中加入酵母进行 (　　) 而得到的酒精饮料。

A. 提纯　　B. 蒸馏　　C. 配制　　D. 发酵

45. 清酒的颜色为 (　　)。

A. 无色或淡黄色　　B. 棕色或深蓝色

C. 浅绿色或红棕色　　D. 红棕色或深蓝色

46. 啤酒的营养成分十分丰富，目前测定出含有 17 种 (　　)。

A. 维生素　　B. 矿物质　　C. 氨基酸　　D. 蛋白质

47. 葡萄酒 (　　) 分类，可以分为红葡萄酒、白葡萄酒和玫瑰红酒。

A. 按照含糖量的不同　　B. 按照酿造过程的不同

C. 按照配餐的不同　　D. 按照颜色的不同

48. Burgundy 产区用于酿制（　　）的主要葡萄品种是 Gamay、Pinot Noir。

A. 玫瑰红酒　　B. 红葡萄酒　　C. 白葡萄酒　　D. 香槟酒

49. 香槟酒中（　　）为每公升 15 ~20 克的属于 Extra Dry。

A. 微量元素　　B. 葡萄汁浓度　　C. 酒精含量　　D. 含糖量

50. 下列酒的品牌中，（　　）都属于威士忌。

A. John Jameson 、Walker's　　B. J&B、Martell

C. Chivas、Camus　　D. Beefeater、Four Roses

51. 龙舌兰的根茎是制作（　　）的主要原料。

A. 白兰地　　B. 特基拉酒　　C. 麦曲酒　　D. 红曲酒

52. Bourbon Whisky 的口感是（　　）

A. 清凉爽口　　B. 醇厚、绵柔　　C. 干涩　　D. 辛辣

53. Canadian Whisky 陈酿时间越长酒液越显得（　　）。

A. 干涩　　B. 辛辣　　C. 甜腻　　D. 芳醇

二、判断题

（　　）1. 饮料按照是否含有酒精可分为酒精饮料和软饮料。

（　　）2. Cabernet Sauvignon 葡萄是原产于阿尔萨斯地区的黑葡萄品种。

（　　）3. 勃艮第用于酿制红葡萄酒的主要葡萄品种有：Cabernet Sauvignon、Merlot、Cabernet Franc。

（　　）4. Courvoisier、Chabot、Martell、Remy Martin 都是世界著名白兰地品牌。

（　　）5. 茴香酒是以纯食用酒精或葡萄酒为基酒制成的。

（　　）6. 碳酸类饮料包括啤酒、芹菜汁、牛奶等。

（　　）7. 凡是可以饮用的液体都称为饮料。

（　　）8. 饮料按照物理形态可分为固态饮料和软饮料。

（　　）9. 酒的生产是建立在微生物的基础上的，酿酒原料中的蛋白质在酶的作用下，最终转化为乙醇。

（　　）10. Bacardi、Havana Club、Myers's Rum 都是世界著名的朗姆酒品牌。

（　　）11. 大麦是特基拉酒的主要原料。

（　　）12. 加入杜松子与香料发酵而成的酒是荷式金酒。

模块 7

鸡尾酒的调制

精讲 1 鸡尾酒概述

一、鸡尾酒的起源与发展

鸡尾酒（Cocktail）是以蒸馏酒为基酒，再配以果汁、汽水、利口酒等辅料调制而成的，它是一种色、香、味、形俱佳的艺术酒品。

鸡尾酒起源于19世纪中期的美国。在1862年，由杰瑞·托马斯（Jerry Thomas）撰写的第一本关于鸡尾酒的专著出版了。他是鸡尾酒发展的关键人物之一，他走遍了欧洲的大小城市，收集配酒秘方，并开始配制混合饮料。从那时起，鸡尾酒开始成为人们用餐和闲暇时所喜爱的饮品。托马斯使鸡尾酒变成当时最流行的酒吧饮料。1920年，由于美国禁酒法规的施行，鸡尾酒在美国很快地流行起来，然后被传到英国和世界其他地方。1920—1937年被称为“鸡尾酒的时代”。第二次世界大战期间，鸡尾酒的消费在西方军人、青年男女中已形成了风气。第二次世界大战后，鸡尾酒成为人们休闲、社交的一种流行时尚。鸡尾酒之所以流行，一是因为它具有特殊的色、香、味，能吸引众多的消费者；二是因为酒稀释淡化后能被大多数人尤其是女士所接受。

鸡尾酒不仅具有酒的基本特性，既能增强血液循环，使心情舒畅，摆脱疲劳，又具有一般饮料的营养、保健作用。鸡尾酒以其多变的口味、华丽的色泽、美妙的名称，满足了现代人的浪漫遐想。没有任何一种饮料能像鸡尾酒那样适合任何场合，为大多数人所喜爱。近十年来，鸡尾酒开始在我国流行起来。

《韦氏词典》对鸡尾酒所下的定义是：鸡尾酒是一种量少而冰镇的酒，它是以朗姆酒、威士忌及其他烈酒或葡萄酒为基酒，配以其他材料，如果汁、蛋、苦精、糖等，以搅拌法或摇荡法调制而成，再饰以柠檬片或薄荷叶。

二、鸡尾酒的基本结构

组成鸡尾酒的基本结构包括基酒、辅料与装饰物。

（一）基酒

基酒主要由蒸馏酒和发酵酒构成，它确定了鸡尾酒的基本特征，是鸡尾酒的主体、必不可少的成分。任何酒精饮料都可作为基酒来调制鸡尾酒。烈性酒作为基酒的比例最大，利口酒、开胃酒、葡萄酒、香槟酒等作为基酒的比例较小。

烈性酒中常用的有金酒、伏特加、朗姆酒、白兰地、威士忌、特基拉酒。其中以金酒用得最多。金酒大部分采用英式金酒，偶尔也用荷式金酒。伏特加用俄罗斯、波兰、美国的产品较多。朗姆酒以淡色朗姆酒为主，有时也用深色朗姆酒。作为基酒的威士忌有苏格兰威士忌、爱尔兰威士忌、美国威士忌。另外中国白酒也可以作为鸡尾酒的基酒。无论使用哪一种酒作为基酒，最好使用其中的名牌产品，以保证鸡尾酒的风格和品质。

（二）辅料

辅料是除了基酒以外鸡尾酒含量最多的基本成分。常用的有冰水、各种果汁、苏打水、汽水、茶、咖啡、蛋、奶、奶油等。另外各种果酒、利口酒、糖浆、苦精、蜂蜜、盐也可以作为辅料。辅料主要有以下几种：

1. 碳酸饮料

酒吧常用的碳酸饮料有可乐、雪碧、七喜、苏打水、汤利水等。

在酒吧营业前准备时，需要检查碳酸饮料品种是否齐全，数量是否充足，对一些不常用或用量较小的品种如苏打水、汤利水、姜汁汽水还须检查其保质期和生产时间，避免使用过期的饮料。所有碳酸饮料使用前都必须冰镇。

2. 果汁类饮料

果汁类饮料包括各种罐装、桶装的保鲜产品和各种现榨果汁产品。酒吧常用的果汁类饮料有橙汁、柠檬汁、菠萝汁。为了确保产品质量，酒吧通常使用能贮存的桶装或罐装果汁。目前很多酒吧根据季节变化推出现榨的果汁类饮料，如现榨橙汁、西瓜汁等。在营业前准备时必须认真检查水果的质量，将已经发霉的水果剔除，以确保现榨果汁的口味和质量。果汁类饮料必须放在冷藏柜中低温冷藏。

3. 利口酒

利口酒在鸡尾酒调制中起到加香、加味和调色的作用，是重要的调酒原料之一。利口酒种类齐全，品种繁多，在准备时，只需要根据酒吧中现存的品种和数量，将它们一一陈列于酒架上即可。陈列酒品时一方面要擦净瓶身，特别是瓶口部位，因为利口酒含糖分较多，溢出的酒液易在瓶口部位产生糖霜，影响酒品外观。另一方面，注意检查酒品的数量，及时补充酒水。加味加香的利口酒包括绿薄荷酒、咖啡蜜酒、蓝橙酒等。

4. 其他辅料

在鸡尾酒调制中还会使用其他一些食品或调味品作为调酒辅料，准备时需要检查其数量、质量情况等。

（三）装饰物

装饰物起到画龙点睛的作用，有些装饰物也起到加味的作用。常用的装饰物有：柠檬、柠檬皮、橙子、橙皮、樱桃、橄榄、小洋葱、菠萝条、香蕉条、香蕉块、薄荷叶、芹菜叶、黄瓜等。

1. 樱桃

樱桃是鸡尾酒常用的装饰物之一，以红色为主，此外还有绿色、黄色等。用于鸡尾酒装饰的樱桃一般为经过腌制的瓶装樱桃，无核，分带把和不带把两种。在准备时，通常根据需要从瓶中取出一定数量的糖水樱桃，经清水冲净后，沥干水分，放入骨碟，用保鲜膜封好存入冰柜备用。有把、无把，红色、绿色樱桃都要根据需要酌量准备。

2. 柠檬

柠檬是鸡尾酒中使用频率仅次于樱桃的装饰物之一。使用时多以柠檬片、柠檬角和柠檬皮为主。准备柠檬时可根据需要，切好装入骨碟，保鲜冷藏于冰柜中即可。

3. 橄榄

橄榄也是常用的鸡尾酒装饰物之一，主要用于干马天尼鸡尾酒等的装饰。酒吧使用的橄榄一般为小颗的地中海橄榄，去核去蒂后盐渍成罐，使用时直接将橄榄从罐中取出放入酒中。在营业前准备时，一般只需检查一下橄榄有无变色、变质即可；若使用量较大，也可以提前从罐中取出，用清水冲净后装在骨碟内备用。

三、酒的分类

（一）按饮用时间和场合分

1. 餐前鸡尾酒

餐前鸡尾酒又称作餐前开胃鸡尾酒，主要是在餐前饮用，起生津开胃功效。餐前鸡尾酒含糖分较少，口味或酸或干烈，就算是甜型餐前鸡尾酒，口味也不会十分甜腻。常见的餐前鸡尾酒有马天尼、曼哈顿等。

2. 餐后鸡尾酒

餐后鸡尾酒是餐后佐助甜品，帮助消化，因而口味较甜，使用较多的是利口酒。常见的餐后鸡尾酒有史丁格、亚历山大等。

3. 晚餐鸡尾酒

晚餐鸡尾酒是一款晚餐时用的佐餐鸡尾酒，一般口味较辣、酒色较鲜艳，非常注重酒品与菜肴的搭配。有些晚餐鸡尾酒可以作为头盘、汤等的替代品。在一些较正规和高雅的就餐场合，通常以葡萄酒佐餐，而较少用鸡尾酒佐餐。

4. 派对鸡尾酒

派对鸡尾酒是在一些聚会场合使用的鸡尾酒，其特点是非常注重酒品的口味和色彩搭配，酒精含量较低。常见的派对鸡尾酒有特基拉日出、自由古巴、马颈等。

（二）按调制方法分

1. 长饮鸡尾酒（Long Drink）

长饮鸡尾酒是用烈性酒、果汁、汽水等混合调制而成的一种含酒精量较低的酒品，可放置较长时间而不变质。

2. 短饮鸡尾酒（Short Drink）

短饮鸡尾酒是一种酒精含量高、分量较少的鸡尾酒，如马天尼、曼哈顿等。

（三）按基酒分

（1）以金酒为基酒的鸡尾酒有：红粉佳人、新加坡司令等。

（2）以威士忌为基酒的鸡尾酒有：老式鸡尾酒、威士忌酸、曼哈顿等。

（3）以白兰地为基酒的鸡尾酒有：亚历山大、白兰地蛋诺等。

（4）以朗姆酒为基酒的鸡尾酒有：百家地鸡尾酒、得其利、迈泰等。

（5）以伏特加为基酒的鸡尾酒有：黑俄罗斯、血腥玛丽、螺丝刀等。

（四）按鸡尾酒的配制特点分

1. 亚历山大（Alexander）类鸡尾酒

此类鸡尾酒是以鲜奶油、咖啡利口酒或可可利口酒加烈性酒，以摇和法调配而成，使用鸡尾酒杯。

2. 卡伦（Collins）类鸡尾酒

卡伦有时称作考林斯或哥连士，它是由烈性酒加柠檬汁、苏打水和糖浆调配而成，用高杯盛装。如白兰地卡伦、汤姆卡伦等。

3. 蛋诺（Egg Nog）类鸡尾酒

蛋诺类鸡尾酒是传统的美国圣诞节饮料，它是由烈性酒加鸡蛋、牛奶、糖浆和豆蔻粉调配而成，可用葡萄酒杯或海波杯盛装。

4. 飞士（Fizz）类鸡尾酒

飞士类鸡尾酒与卡伦类鸡尾酒很相似，以金酒或利口酒加柠檬汁和苏打水混合而成，用海波杯或高杯盛装。有时飞士中会加入蛋清与烈性酒或利口酒、柠檬汁一起调制，使酒液起泡，再加入苏打水制成。如金色飞士、银色飞士。

5. 漂浮（Float）类鸡尾酒

漂浮类鸡尾酒是根据酒水的比重或密度的不同，以密度较大的酒水在下、密度较小的酒水在上的原理调制成的呈现几种不同颜色的鸡尾酒。这种鸡尾酒的调制方法是：先将含糖量最大、密度大的酒或果汁倒入杯中，再按密度由大至小的顺序依次沿着吧匙背和杯壁轻轻地将其他酒水倒入杯中，不可搅动，使各色酒品依次漂浮，分出层次，呈彩带状。如天使之吻、彩虹酒等。

6. 海波（Highball）类鸡尾酒

海波类鸡尾酒又称高球类鸡尾酒，是以白兰地或威士忌等烈性酒为基酒，加入苏打水或姜汁汽水，在海波杯中用吧匙搅拌而成。

7. 宾治（Punch）类鸡尾酒

宾治类鸡尾酒以烈性酒或葡萄酒为基酒，加入柠檬汁、糖粉和苏打水或汽水混合而成。宾治类鸡尾酒不是单杯配制的，它常常是几杯、几十杯甚至几百杯一起配制，用于酒会、宴会和聚会等。配制后的宾治类鸡尾酒用切片的水果装饰并改善口味，以海波杯盛装。宾治类鸡尾酒的配制，可根据宴会、客人和调酒师的需要灵活掌握。此外，不含酒精的宾治在国外很流行，一些宴会和聚会常常提供由果汁、汽水和水果配制而成的宾治。宾治类鸡尾酒含酒精量较低。

8. 司令（Sling）类鸡尾酒

司令类鸡尾酒是人们喜爱的一种长饮鸡尾酒。以烈性酒加柠檬汁、糖浆和苏打水调制而成，有时加放一些调味的利口酒。其配制方法是先用调酒壶将烈性酒、柠檬汁、糖浆摇匀后，再倒入加有冰块的海波杯中，然后加苏打水。如新加坡司令等。

9. 酸酒（Sour）类鸡尾酒

酸酒类鸡尾酒是以烈性酒为基酒，加柠檬汁、糖浆调制而成，酸酒类鸡尾酒中的酸味原料通常比其他类型的鸡尾酒多一些。如威士忌酸等。

精讲 2 鸡尾酒的调制要求

一、鸡尾酒调制的基本要求

鸡尾酒是一种艺术酒品，一款调制完美、装饰精致的鸡尾酒本身就是一件艺术品，因此，人们常常把鸡尾酒的调制称为一门艺术。

鸡尾酒能增进食欲，使人兴奋，创造热烈的气氛。鸡尾酒很注重口味，太甜、太苦或太香都会掩盖酒品真正的味道，降低酒的品质。鸡尾酒必须充分冰冻，通常使用高脚杯盛装，因为手持玻璃杯也会导热，从而破坏鸡尾酒应有的风味。

二、鸡尾酒所用杯具

（1）卡伦杯：容量通常为 284 ~ 341 毫升，一般用于盛装各种烈性酒加汽水的混合饮料以及一些特定的鸡尾酒，如各种长饮鸡尾酒等。

（2）烈性杯：容量通常在 28 毫升左右，一般用于净饮各种烈性酒（白兰地除外）。

（3）古典杯：容量通常为 224 ~ 280 毫升，一般用于盛装加冰块的烈性酒以及一些特定的鸡尾酒等。

（4）扎啤杯：容量通常为300～500毫升，主要用于饮用生啤酒。

（5）高脚啤酒杯：容量通常为28～330毫升，主要用于饮用听装、瓶装啤酒。

（6）爱尔兰咖啡杯：它是以盛装爱尔兰咖啡而得名的酒杯，容量通常为168～224毫升，一般用于盛装各种特制咖啡。

（7）红葡萄酒杯：容量通常为224毫升。

（8）白葡萄酒杯：容量通常为168毫升。

（9）雪利酒杯：雪利酒是一种强化葡萄酒，酒精含量较普通葡萄酒高。因此雪利酒杯的容量较小，通常为56毫升。

（10）郁金香形香槟杯：郁金香形香槟杯因杯身形状犹如郁金香而得名，主要用于盛装香槟酒和以香槟酒为主要原料调制成的鸡尾酒，它的容量通常为168毫升。

（11）白兰地杯：白兰地杯是专供饮用白兰地的酒杯。它的杯口比杯身窄，这样利于集中白兰地的香气，使饮酒的人能够更好地欣赏酒的特色。白兰地杯有不同的容量，较常用的白兰地杯的容量是168毫升。

（12）鸡尾酒杯：容量为98～126毫升，是完美曼哈顿的载杯。

（13）海波杯：海波杯经常被人们称为高球杯。海波杯的容量通常为227～284毫升，主要用于盛装各种汽水以及一些特定的鸡尾酒等。

（14）玛格丽特杯：此杯一般用来盛装玛格丽特鸡尾酒。玛格丽特杯是一种带宽边或平台式的高脚杯，其容量通常为140～168毫升。

（15）利口酒杯：此杯主要用于饮用利口酒，其容量约为28毫升。

（16）水杯：主要用于盛装冰水和矿泉水，容量一般为280～336毫升。

三、酒吧常用饮料的英文缩写

表7－1　酒吧常用饮料的英文缩写

中文名称	缩写形式	中文名称	缩写形式
白兰地	By.	菠萝汁	P. J.
威士忌	Wh.	番茄汁	T. J.
红葡萄酒	R. W.	热牛奶	H. M.
白葡萄酒	W. W.	冷牛奶	I. M.
啤酒	B.	冰淇淋	I/C
热咖啡	H. C.	圣代	S/D
冷咖啡	I. C.	可口可乐	Co.
红茶	B/T	雪碧	Sp.
绿茶	G/T	苏打水	S/W
鲜橙汁	F. O. J.	加冰	W/I
柠檬汁	L. J.		

四、鸡尾酒调制的标准要求

（1）调制时间：调制一杯鸡尾酒的规定时间为1～3分钟。

（2）调酒师的仪表：原则上调酒师必须着白衬衣、马甲和戴领结。调酒师的形象不仅关系到酒吧的声誉，而且也影响客人的饮酒情趣。

（3）卫生：多数鸡尾酒是不需要加热而直接给客人饮用的，所以操作中的每个环节都应严格按卫生要求和标准进行，任何不良习惯，如手摸头发、脸部等都会直接影响到鸡尾酒的卫生，从而对客人的健康产生不利影响。

（4）动作：动作熟练、姿势优美，不能出现不规范的动作。

（5）载杯：所用的杯子要与饮料制作要求具有一致性，不能用错杯子。

（6）用料：要求所用原料准确，少用或错用主要原料都会破坏饮料的标准味道。

（7）颜色：成品颜色深浅程度与饮料制作要求一致。

（8）味道：饮料的味道适中，不能偏重或偏淡。

（9）调法：调酒方法与饮料制作要求一致。

（10）程序：要依次按标准要求操作。

（11）装饰：装饰是鸡尾酒调制的最后一环，不能缺少。

五、鸡尾酒调制的注意事项

（1）鸡尾酒通常都用烈性酒（金酒、威士忌、白兰地、朗姆酒、伏特加、特基拉酒等）作为基酒，再加入其他酒或饮料，如果汁、汽水等配制而成，也可加入香料。

（2）调制时烈性酒可以与任何味道的酒或其他饮料相搭配，调制成鸡尾酒。

（3）味道相同或近似的酒或饮料可以互相混合，调制成鸡尾酒。

（4）味道不相同的酒或饮料，如药味酒与水果酒，一般不宜混合。

（5）清淡、有气的酒水在调制鸡尾酒时只采用兑和法和搅和法。

（6）调制任何鸡尾酒时，冰块应首先放入，然后再放入配料，最后放基酒，以防止不必要的浪费。

六、鸡尾酒调制的方法

鸡尾酒调制一般有四种方法：

（一）兑和法（Build）

兑和法是将配方中的酒水按分量直接倒入杯里，无须搅拌（或作轻微搅拌），有时也需用吧匙贴杯壁慢慢地将酒水倒入，以免冲撞混合。常用于高杯类的饮品、果汁类饮料和热饮等。

（二）调和法（Stir）

调和法有两种，即调和法、调和与滤冰法。

调和法是将酒水按配方中的分量，依次倒入调酒杯，并利用吧匙进行搅拌的调酒方法，搅拌的目的是在最少稀释的情况下，把各种成分迅速冷却混合。这种调法调制的酒水多用卡伦杯或海波杯盛装。

调和与滤冰法是把酒水与冰块按配方分量倒进调酒杯中，用吧匙搅拌均匀后，用滤冰器过滤冰块，将酒水斟入酒杯中。具体的操作要求：左手握杯底，右手以按握毛笔的姿势握住吧匙，使吧匙背靠杯边沿顺时针方向快速旋转，搅拌时只有冰块转动声，搅拌五六圈后，将滤冰器放在调酒杯杯口，迅速将调好的酒水滤出。这种方法调制的酒水一般使用鸡尾酒杯盛装。

（三）摇和法（Shake）

摇和法是把酒水与冰块按配方分量倒进调酒壶中摇荡，摇匀后过滤冰块，将酒水倒入酒杯中。这种方法调制的酒水多使用鸡尾酒杯盛装。摇酒的方法有单手摇与双手摇两种。

（四）搅和法（Blend）

搅和法是把酒水与碎冰按配方分量放进电动搅拌机中，启动电动搅拌机转动 10 秒钟，连碎冰带酒水一起倒入酒杯中。用这种方法调制的酒水多使用卡伦杯或长饮杯盛装。

七、鸡尾酒调制的步骤及规范

（一）鸡尾酒调制的步骤

（1）先按配方把所需用的酒水备齐，放在吧台上的专用位置。

（2）把所需用的调酒用具，如酒杯、香料、装饰物等准备好。

（3）调酒。

①取瓶。把酒瓶从操作台取到手中。取瓶一般有从左手传到右手或从下方传到上方两种情形。用左手拿瓶颈部传到右手，用右手拿住瓶的中间部位，或直接用右手从瓶颈部下提至中间部位，要求动作快、稳。

②示瓶。把酒瓶展示给客人。用左手托住瓶下底部，右手拿住瓶颈部，呈 45 度角把酒标展示给客人。取瓶到示瓶应是一个连贯动作。

③开瓶。用右手拿住瓶身，左手中指逆时针方向向外开酒瓶盖，用力可一次性拉开。并用左手拇指和食指夹起瓶盖存于掌心。开瓶是在酒吧没有专用酒嘴时使用的方法。

④量酒。开瓶后立即用左手中指与无名指夹起量杯（根据需要选择量杯大小），两臂

略抬起呈环抱状，把量杯放在靠近调酒用具的正前方约3.3厘米处，量杯要端平，然后右手将酒水倒入量杯，倒满后收瓶，同时将酒水倒进所用调酒用具中。用左手拇指顺时针方向盖酒瓶盖，最后放下量杯和酒瓶。

（4）提供酒水服务。

（5）清理工作台及清洗调酒用具，将用完的酒水、调酒用具放回原处。

（二）鸡尾酒调制的规范

（1）要严格按照配方分量调制鸡尾酒。

（2）酒杯要干净、透明、光亮。调制时手只能拿酒杯的下部。

（3）倒酒水要使用量杯，不要随意把酒水斟入杯中。

（4）使用调和法时，搅拌时间不能太长，一般用中速搅拌5～10秒即可。

（5）使用摇和法时，动作要快，用力摇荡，摇至调酒壶表面起霜即可。

（6）使用新鲜的冰块。用搅和法时，一定要放碎冰。

（7）调酒壶和电动搅拌机每使用一次就要清洗一次。

（8）量杯、吧匙要保持清洁。

（9）使用合格的酒水，不能以其他酒水或劣质酒水随意代替。劣质的酒或饮料会完全改变鸡尾酒的味道，令客人不能接受。

（10）调好的鸡尾酒要立即倒入杯中。

（11）要选用新鲜的水果作装饰物，切好后用保鲜膜包好放入冰箱备用。前一天切好的水果装饰物隔天不能使用。

（12）不能用手去接触酒水、冰块、杯边或装饰物。

（13）上霜要均匀，杯口不可潮湿。

（14）调好的鸡尾酒应迅速提供给客人。

（15）调酒动作要规范、标准、快速、美观。

八、酒吧英语

（一）部分酒吧设备、用具的中英文名称

表7－2　部分酒吧设备、用具的中英文名称

中文名称	吧刀	削皮器	榨汁工具	开瓶器	开瓶钻	吸管	装饰签	水果挤压器
英文名称	Bar Knife	Zester	Squeezer	Bottle Opener	Corkscrew	Straw	Tooth Pick	Fruit Squeezer

（二）部分酒水的中英文名称及产地

表 7－3　部分酒水的中英文名称及产地

中文名称	英文名称	产地
黑加仑酒	Black Currant Wine	荷兰
红石榴糖浆	Grenadine Syrup	荷兰
杜林标	Drambuie	法国
潘诺	Permod	英国
绿薄荷酒	Get27 Pippermint	法国
皮特甜	Peter Heering	丹麦
金巴利	Campari	意大利
苦酒	Bitters	意大利
苹果白兰地	Calvados	法国
马利宝利口酒	Malibu Liqueur	牙买加
百利甜酒	Baileys	爱尔兰
安定宝	Underberg	瑞士
咖啡蜜酒	Kahlua	墨西哥
蓝橙酒	Blue Curacao	美国
蛋黄酒	Advocaat	荷兰
天万利	Tia Maria	牙买加
绿牌伏特加	Moskovskaya	俄罗斯
咖啡利口酒	Coffee Liqueur	荷兰
钻石金	Gilbey's Gin	英国
百家得	Bacardi Rum	巴西

练习题

一、选择题

1. 餐后鸡尾酒通常（　　）。

A. 酒精含量较高，口味较辛辣　　B. 色彩艳丽，口味较辛辣

C. 含糖分较少，口味或酸或干烈　　D. 口味较甜，是餐后佐助甜品

2. 鸡尾酒以（　　）、其他烈性酒或葡萄酒为基酒。

A. 啤酒、清酒、利口酒　　B. 朗姆酒、威士忌

C. 黑俄罗斯、螺丝刀、啤酒　　D. 清酒、啤酒、黄酒

3.《韦氏词典》对鸡尾酒所下的定义是：鸡尾酒是一种（　　）。

A. 量大的混配酒　　B. 量极大而冰镇的水果酒

C. 量少而需加热的混配酒　　D. 量少而冰镇的酒

4. 碳酸饮料包括（　　）等。

A. 丁香、橙汁、咖啡蜜酒、苏打水　B. 可乐、雪碧、七喜、苏打水

C. 丁香、柠檬汁、薄荷酒　　D. 安哥斯特拉苦精、咖啡蜜酒、雪碧

5. 加味加香材料包括（　　）、咖啡色的咖啡蜜酒等。

A. 蓝色的蓝橙酒、绿色的薄荷酒　　B. 丁香、苏打水、安哥斯特拉苦精

C. 肉桂、汤利水、七喜　　D. 肉桂、汤利水、安哥斯特拉苦精

6. 鸡尾酒的调制原则包括（　　）。

A. 烈性酒只能与甜腻口味的酒相搭配，调制成鸡尾酒

B. 绝不能将口味相近的酒和饮料混合调制成鸡尾酒

C. 烈性酒可以与任何味道的酒或其他饮料相搭配，调制成鸡尾酒

D. 口味不同的酒和饮料最适宜混合调制成鸡尾酒

7. Dry Martini 的载杯是（　　）。

A. 鸡尾酒杯　　B. 卡伦杯　　C. 古典杯　　D. 海波杯

8. Perfect Manhattan 的载杯是（　）。

A. 古典杯　　B. 卡伦杯　　C. 鸡尾酒杯　　D. 海波杯

9. Kir 的调制方法是（　　）。

A. 摇和法　　B. 调和法　　C. 兑和法　　D. 搅和法

10. Black Russian 的载杯是（　　）。

A. 鸡尾酒杯　　B. 卡伦杯　　C. 古典杯　　D. 海波杯

11. Gin Tonic 的载杯是（　　）。

A. 鸡尾酒杯　　B. 卡伦杯　　C. 古典杯　　D. 海波杯

12. Rusty Nail 的载杯是（　　）。

A. 鸡尾酒杯　　B. 卡伦杯　　C. 古典杯　　D. 海波杯

13. Snow Ball 的载杯是（　　）。

A. 鸡尾酒杯　　B. 卡伦杯　　C. 古典杯　　D. 海波杯

14. Gibson 的载杯是（　　）。

A. 鸡尾酒杯　　B. 卡伦杯　　C. 古典杯　　D. 海波杯

15. 在酒吧中，红葡萄酒通常缩写成（　　）。

A. E. K.　　B. W. L.　　C. T. R.　　D. R. W.

16. 在酒吧中，白兰地的缩写形式是（　　）。

A. By.　　B. Hk.　　C. Boa.　　D. Han.

17. 在酒吧中，威士忌的缩写形式是（　　）。

A. Wh.　　B. Hk.　　C. Boa.　　D. Han.

18. 在酒吧中，圣代的缩写形式是（　　）。

A. S/D　　B. Hk.　　C. Boa.　　D. Han.

19. （　　）不属于酒吧中常见的冰镇饮料。

A. 利口酒　　B. 啤酒　　C. 碳酸饮料　　D. 白葡萄酒

20. （　　）不属于酒吧中常见的非冰镇饮料。

A. 黄酒　　B. 白兰地　　C. 啤酒　　D. 威士忌

21. 卡伦杯一般用于盛装（　　）。

A. 冰水　　B. 瓶装啤酒、听装啤酒

C. 矿泉水、听装啤酒　　D. 各种烈性酒加汽水等混合饮料

22. 烈性杯一般用于净饮（　　）。

A. 冰水　　B. 瓶装啤酒、听装啤酒

C. 矿泉水、听装啤酒　　D. 各种烈性酒（白兰地除外）

23. 古典杯一般用于盛装（　　）。

A. 冰水　　B. 瓶装啤酒、听装啤酒

C. 矿泉水、听装啤酒　　D. 加冰块的烈性酒

24. 扎啤杯一般用于盛装（　　）。

A. 各种带泡沫的软饮料　　B. 瓶装啤酒、听装啤酒

C. 矿泉水、听装啤酒　　D. 生啤酒

25. 雪利杯容量通常为（　　）毫升。

A. 80　　B. 116　　C. 126　　D. 56

26. 玛格丽特杯容量通常为（　　）毫升。

A. 190　　B. 116　　C. 126　　D. 140 ~ 168

27. 鸡尾酒杯主要用于盛装（　　）。

A. 长饮鸡尾酒　　B. 苦味的鸡尾酒

C. 辛味的鸡尾酒　　D. 短饮鸡尾酒

28. 海波杯一般用于盛装（　　）。

A. 冰水　　B. 瓶装啤酒、听装啤酒

C. 矿泉水、听装啤酒　　D. 各种汽水等软饮料

29. 水杯主要用于盛装（　　）。

A. 苏打水　　B. 瓶装啤酒、听装啤酒

C. 苏打水、听装啤酒　　D. 冰水、矿泉水

30. 在服务过程中，（　　）必须用托盘搬运。

A. 只有利口酒杯、扎啤杯　　B. 所有的酒杯

C. 只有葡萄酒杯、烈性杯　　D. 只有水杯、红葡萄酒杯

31. 调酒辅料可以（　　），增添鸡尾酒的色彩，使之变得五彩斑斓。

A. 缓和基酒强烈的刺激味　　B. 增强基酒的辛味

C. 增强基酒的辣味　　D. 增强基酒的酸味

32. 在营业前准备调酒辅料时，应重点检查（　　）的保质期和生产时间，避免使用过期产品。

A. 白兰地　　B. 可乐

C. 姜汁汽水、汤利水　　D. 橙汁、利口酒

33. 为了确保质量，酒吧通常选择（　　）为果汁类辅料。

A. 桶装或罐装果汁　　B. 鲜榨果汁

C. 浓缩果汁　　D. 稀释果汁

34. 碳酸饮料包括（　　）等。

A. 苏打水、矿泉水　　B. 七喜、雪碧、姜汁汽水

C. 七喜、西瓜汁、牛奶　　D. 菠萝汁、芹菜汁、牛奶

35. 果汁类饮料包括（　　）等。

A. 苏打水、矿泉水　　B. 西瓜汁、柠檬汁、菠萝汁

C. 七喜、西瓜汁、牛奶　　D. 菠萝汁、芹菜汁、牛奶

36. 在鸡尾酒调制中，还会使用（　　）作调酒辅料。

A. 白兰地、矿泉水　　B. 胡椒粉、鸡蛋、辣椒油

C. 红茶、西瓜汁、黄酒　　D. 菠萝汁、葡萄酒、牛奶

37. （　　）在鸡尾酒调制中起到调色的作用，是重要的调酒原料。

A. 黄酒、咖啡　　B. 利口酒

C. 葡萄酒、白酒　　D. 咖啡、雪利酒

38. 使用柠檬做鸡尾酒装饰物时，多以柠檬片、（　　）为主。

A. 柠檬果肉和柠檬干　　B. 柠檬角和柠檬皮

C. 柠檬脯和柠檬果肉　　D. 柠檬干和柠檬脯

39. 兑和法是将酒水（　　）。

A. 按配方中的分量，直接依次倒入杯中，无须搅拌（或作轻微搅拌）

B. 按客人的需要量，直接依次倒入杯中即可

C. 按客人的需要量，直接倒入浸在热水中的杯子里即可

D. 按配方中的分量，直接倒入调酒壶中用力搅拌即可

40. 调和法是将酒水（　　）。

A. 按配方中的分量，倒入调酒杯中，加进冰块，用吧匙搅拌均匀

B. 按客人的需要量，直接依次倒入杯中即可

C. 按客人的需要量，直接倒入浸在热水中的杯子里即可

D. 按配方中的分量，直接倒入调酒壶中用力搅拌即可

41. （   ）不适用于兑和法制作。

A. 鸡尾酒“血腥玛丽”   B. 高杯类饮品

C. 热饮   D. 威士忌苏打

42. （   ）最适用于调和法。

A. 果汁类饮品   B. 热饮

C. 鸡尾酒“血腥玛丽”   D. 鸡尾酒“金巴克”

43. 调制鸡尾酒的基本方法包括兑和法、调和法、（   ）和搅和法。

A. 摇和法   B. 冲和法

C. 中和法、离合法   D. 冲和法、离合法

44. 在用调和法调制鸡尾酒时，应（   ）。

A. 用左手握调酒杯杯底，用右手以按握毛笔的姿势握住吧匙进行搅动

B. 用右手握调酒杯杯底，用左手以按握钢笔的姿势握住吧匙进行搅动

C. 用右手握调酒杯杯口，用左手以按握钢笔的姿势握住吧匙进行搅动

D. 用左手握调酒杯杯口，用右手以按握毛笔的姿势握住吧匙进行搅动

45. 调制鸡尾酒时，调酒师的手只能拿酒杯的（   ）。

A. 杯口或中间部分   B. 整个杯

C. 杯身下部   D. 杯身上部

46. 产自巴西的（   ）通常翻译成中文“百家得”。

A. Hook   B. Doom Wine   C. Bacardi Rum   D. Dunhill 21

47. 产自英国的（   ）通常翻译成中文“钻石金”。

A. Hine   B. Dask   C. Gilbey's Gin   D. Dunhill

48. 产自荷兰的（   ）通常翻译成中文“咖啡利口酒”。

A. Clock   B. Coffee Liqueur   C. Dun   D. Drambuie

49. 产自俄罗斯的（   ）通常翻译成中文“绿牌伏特加”。

A. Hine   B. Dask   C. Moskovskaya   D. Dunhill

50. Fruit Squeezer 翻译成中文“（   ）”。

A. 烟缸   B. 餐巾纸   C. 拖布   D. 水果挤压器

51. 开瓶器的英文名称是“（   ）”。

A. Cup Machine   B. Washing Case   C. Bottle Opener   D. Glass Towel

52. 吸管的英文名称是“（   ）”。

A. Fruit Squeezer   B. Leep Machine   C. Straw   D. Gold

53. 装饰签的英文名称是（   ）。

A. Cool   B. Case   C. machine   D. Tooth Pick

54. 长饮鸡尾酒（   ）。

A. 可放置较长时间不变质，因而消费者可长时间饮用

B. 酒精含量较高，是一种较为猛烈的酒品

C. 非常容易变质，不可放置较长时间

D. 由于酒精含量极高，所以调制过程烦琐

55. Bloody Mary 的装饰物是（　　）。

A. 芹菜秆　　B. 红樱桃　　C. 柠檬片　　D. 青柠角

56. Dry Martini 的调制方法是（　　）。

A. 摇和法　　B. 调和法　　C. 压缩法　　D. 中和法

57. Perfect Manhattan 的调制方法是（　　）。

A. 摇和法　　B. 调和法　　C. 冲和法　　D. 压缩法

58. Kir 的装饰物是（　　）。

A. 没有装饰物　　B. 红樱桃　　C. 柠檬角　　D. 橄榄

59. Black Russian 的装饰物是（　　）。

A. 红樱桃　　B. 柠檬角　　C. 柠檬片　　D. 无装饰物

60. Gin Tonic 的装饰物是（　　）。

A. 红樱桃　　B. 柠檬角　　C. 柠檬片　　D. 无装饰物

61. Rusty Nail 的装饰物是（　　）。

A. 红樱桃　　B. 无装饰物　　C. 橘子片　　D. 柠檬皮

62. Snow Ball 的装饰物是（　　）。

A. 红樱桃　　B. 无装饰物　　C. 橘子片　　D. 柠檬皮

63. Gibson 的装饰物是（　　）。

A. 红樱桃　　B. 柠檬皮　　C. 橘子片　　D. 珍珠洋葱

64. 在营业前准备调酒辅料时，应重点检查（　　）的保质期和生产时间，避免使用过期产品。

A. 葡萄酒　　B. 橙汁、雪碧　　C. 利口酒　　D. 苏打水、汤利水

65. 下列说法错误的是（　　）。

A. 要将用于榨取果汁的水果清洗干净

B. 不使用局部霉变的水果榨取果汁

C. 果汁饮料应在冷藏柜中低温冷藏

D. 可预先将局部霉变的水果榨出果汁备用

66. 用搅和法时，一定（　　）。

A. 要放大冰块　　B. 要撒冰霜，不能放碎冰

C. 不能放碎冰　　D. 要放碎冰

67. 调制好的鸡尾酒要（　　）。

A. 立即倒入杯中　　B. 加热并静置 3 分钟，再倒入杯中

C. 静置 6 分钟，再倒入杯中　　D. 加热 2 分钟，再倒入杯中

68. 下列关于调制鸡尾酒时注意事项的表述，错误的是（　　）。

A. 当需要少量冰块时，可直接用手拿取

B. 不得用手去接触杯边、酒水

C. 调好的鸡尾酒应迅速提供给客人

D. 量杯要浸泡在清水中

69. Snow Ball 的调制方法是（　　）。

A. 冲和法　　B. 调和法　　C. 中和法　　D. 压缩法

二、判断题

（　　）1. Cuba Libre 的装饰物是青柠角。

（　　）2. 调和法是将酒水按客人的需要量，直接倒入调酒壶中用力搅拌的调酒方法。

（　　）3. 鸡尾酒“血腥玛丽”适用于调和法制作。

（　　）4. 调制鸡尾酒的基本方法有摇和法、调和法、兑和法和搅和法。

（　　）5. 产自日本的 Smirnoff 通常翻译成中文“三得利皇冠”。

（　　）6. 产自巴西的 Boful 通常翻译成中文“百家得”。

（　　）7. 产自美国的 Hine 通常翻译成中文“蓝橙酒”。

（　　）8. 产自俄罗斯的 Moskovskaya 通常翻译成中文“绿牌伏特加”。

（　　）9. Zester 翻译成中文是“切板”。

（　　）10. 开瓶器的英文名称是“Bottle Opener”。

（　　）11. 在酒吧中，威士忌的缩写形式是 Ky. 。

（　　）12. 产自俄罗斯的 Alick 通常翻译成中文“绿牌伏特加”。

（　　）13. 在酒吧中，红葡萄酒通常缩写成 R. W. 。

（　　）14. 海波杯一般用于盛装雪利酒。

模块 8

酒水准备、操作与服务

精讲 1 营业前的准备工作

一、酒水准备

首先补充酒水。酒吧对贮存的各种酒类应有常量库表，目的是保证每天酒水的控制与供应。调酒师根据此表，核对贮存数量，补充酒水缺少的数量。每种酒须合理放置，瓶装啤酒、白葡萄酒、起泡葡萄酒、葡萄酒须冰镇，并依据先进先出的原则供应。检查生啤酒桶。调制混合酒所需的其他原料都要备齐配足。

二、辅料准备

调制鸡尾酒所用的装饰物都应在酒吧正式营业前准备好，包括打开樱桃、橄榄罐头，将橙子、柠檬切成要求的形状。若还要用其他物品，如薄荷叶、糖浆等，都应按质量标准准备好。配料如辣椒油、胡椒粉、盐、糖、豆蔻粉等要放在工作台前面，以备调制时取放；鲜牛奶、淡奶、菠萝汁等，开罐后应装入玻璃容器中，不能开罐后就在罐中存放，因为铁罐打开后，内壁的水分很容易使铁罐生锈，引起食物变质。浓缩橙汁、柠檬汁要先稀释后倒入瓶中备用。其他调酒用的汽水也要放在伸手就可以拿到的位置。水果装饰物方面，橙角预先切好与樱桃串在一起排放在碟子里备用，并封上保鲜膜。从瓶中取出少量咸橄榄放在杯中备用。因樱桃是用糖水浸泡的，表面太甜，所以取出后要用清水冲洗，放入杯中备用。柠檬片、柠檬角也要切好排放在碟子里用保鲜膜封好备用。

精讲 2 酒水的基本操作

一、软饮料的服务程序

（一）茶

1. 茶的冲泡与服务

（1）热情待客。客人进入酒吧后，问清客人需要，然后根据客人的要求奉上茶品。

（2）端茶。当知道客人需要的茶品后，应尽快为客人打点好一切，准备为客人沏茶。

（3）沏茶。用茶壶时，应右手拿壶把，左手轻压壶盖，先给客人中的长辈倒茶。倒完茶后放茶壶时不要把壶嘴对着客人，倒茶不要倒满，七八分即可。

用开水沏茶人人皆知，但如果把水烧沸后立即沏茶效果并不好，应在水开后关火，稍停一下，并倒去一点水后再沏茶。近年来，沏茶的方法有了一些改正，讲究“先闷后发”，即在沏茶前，先用开水把茶具烫一下，倒去水，然后立即放入茶叶，倒入 1/3 容量的开水，盖上盖，稍闷一下，等客人入座后，再加入开水，倒七八分满即可。喝茶、品茶都有一定的讲究，叫作“头碗喝香”“二碗喝酽”。

2. 茶叶的鉴别

鉴别茶叶质量的优劣，目前仍以视觉、嗅觉、味觉、触觉审评为主，理化检验为辅。感观审评有两种方法：一是看干茶法；二是开汤评茶法。

（1）看干茶法。看干茶法是指看干茶叶外形的松紧、整碎、净度、色泽。

①松紧。条索紧细而生实的为好，粗而松、细而碎的为差。珠茶要求细圆，紧结重实；龙井等扁形茶要求扁平、光滑、挺直。

②整碎。条多而整齐均匀者为好，条粗细不均者为差。

③净度。无茶梗、叶柄、菜籽者为优，反之为差，混有泥沙、草木者更差。

④色泽。红茶乌褐而油润者为好，灰褐色者为差；绿茶翠绿有光者为好，枯黄或发暗者为差。凡红茶含有较多橙黄色芽尖的，绿茶含较多白毫的为高级茶叶。

（2）开汤评茶法。所谓开汤评茶法，就是看茶叶内质。按 1 克干茶冲入 50 毫升开水的比例沏茶。盖上盖，泡 5 分钟，倒入茶杯内。先看汤色，次闻香气，再品滋味，最后看叶。茶叶质地鉴别方法如下表所示。

茶叶质地鉴别表

评审项目		绿茶	红茶	乌龙茶
汤色	优	清澈明亮	红艳明亮	橙红，清澈明亮
	次	黄绿欠明	红艳欠明	橙黄欠明
	差	深淡浊暗	红暗淡浊	暗淡
香气	优	鲜高、浓强、持久	鲜高、浓强、持久蜜香	鲜高、浓烈兰花香
	次	欠鲜	较浓、欠鲜、纯正	欠浓、纯正
	差	平淡	平淡	平淡
滋味	优	鲜细纯浓	鲜醇甘浓，带蜜糖香	浓烈韵长
	次	欠鲜浓、纯正	欠鲜浓、纯正	欠鲜浓、纯正
	差	平淡	粗淡	平淡粗劣
叶（泡后的叶片）	优	肥壮、黄绿、透明	红色、明亮、嫩美	叶底边红，芯柔软明亮
	次	黄绿、欠匀润	红明欠匀润	
	差	青暗花杂	红暗带表叶多	色暗发乌，带绿色

（二）咖啡

世界上广泛种植的咖啡大体上有三种：阿拉伯种、利比里亚种、罗布斯塔种。在热带地区气温比较温和的高原地带，最适合种植咖啡树。咖啡播种以后要过 3～4 年才会结果，而优质咖啡果是从树龄 6～10 年的咖啡树上采摘的。咖啡果一年能采摘 2～3 次。咖啡树的花形小，呈白色，花开数日后便脱落，开始结果，成熟以后的咖啡果呈深红色。采集咖啡果一般有两种方法：一种是用手摘采，另一种是让成熟的咖啡果自然脱落。咖啡豆就是裹在咖啡果内部硬壳里的一对豆粒。取出咖啡豆有两种方法：一种是把咖啡果摊开，暴晒 3 周左右，待咖啡果晒得相当干燥以后，用机械将果肉和壳分离，取出咖啡豆；另一种是湿润法，对咖啡果进行发酵，然后除去果肉，再将壳进行人工干燥以后，取出咖啡豆。

1. 咖啡的成分

咖啡由于有咖啡因和挥发性芳香油，故具有刺激性，有提神的功效。咖啡因与茶碱同样属于生物碱。咖啡中除咖啡因外还含有脂肪、水分、纤维素、糖分及芳香油、灰分、残渣等。其中芳香油较易溶于水，使饮用者闻到香浓的咖啡味。

2. 咖啡的焙炒

焙炒是咖啡加工过程中的重要工序。生咖啡豆和焙炒过的咖啡豆在成本上有着不小的差异。咖啡经过焙炒，去掉了某些成分。焙炒的时间不宜太长，而且要将所有咖啡豆的内部都炒熟。就焙炒的程度来说，有淡焙、肉桂色焙和浓焙三种。

3. 咖啡的粉碎与混合

将焙炒过的咖啡碾碎后，它就会香气扑鼻。因此，碾碎以后最好尽早使用。最理想的做法是在每次饮用前进行碾碎。碾碎的咖啡有粉末、细颗粒、中等颗粒、粗颗粒等形态。细碾的咖啡比粗碾的咖啡味道更浓郁，而粗碾的咖啡有特别的芳香和味道。粗碾和细碾的咖啡混合在一起便于贮藏。而且这样的咖啡在调制成饮料时，细碾的咖啡可以出浓度，粗碾的咖啡可以散发芳香，所以是较理想的。

咖啡的混合是指将不同种类的咖啡豆掺杂在一起的技术。咖啡豆收获以后，在贮藏中会起多种变化，在增加了某些特点的同时，也会失去一些特点。因此将不同种类的咖啡豆加以混合后，它们可以互相补充，而且能产生新的特点，所以有必要进行咖啡的混合。咖啡至少要混合三种咖啡豆以上。但是，掺和调制咖啡，需要味觉和嗅觉灵敏的专家来完成。

4. 咖啡的调制

（1）泡咖啡的水质要求。泡咖啡用水不能是含碱性的硬水或含有大量铁质的水。水的温度不能过高，最理想的水温应是80℃ ~90℃。用沸水煮咖啡会增加咖啡的苦味和收敛性，使质量下降。所以，要想得到味道浓郁、风味优雅的咖啡，不能靠开水，而应靠多种咖啡。

（2）咖啡浸泡的时间。咖啡浸泡的时间不能过长。长时间浸泡会使液体产生一种胶质状的漂浮物，使液体混浊，就像用开水浸泡一样。由于咖啡所含有的咖啡因和芳香油在2分钟内就会溶解，如果浸泡3分钟以上，咖啡的风味就会被破坏。

（3）浸泡咖啡的器皿。浸泡咖啡的器皿以陶瓷与玻璃器皿最为合适。因为咖啡接触金属器皿，会起氧化作用，产生一种令人不快的苦味。

（4）咖啡的用量。咖啡的用量必须根据所煮咖啡的颗粒粗细以及喝咖啡者的喜好等来确定。一般来讲，500克咖啡如果浸泡出40 ~50杯的话，就会产生浓咖啡；如果浸泡出50 ~60杯的话，就会产生浓度适中的咖啡。粉状咖啡可以比中等颗粒的咖啡少放一些，但粗颗粒的咖啡必须比中等颗粒的咖啡多放15%左右。此外，用渗透较慢的滤袋来调制咖啡，要比用高级的咖啡壶或滤式咖啡壶时多放5% ~15%的量。

（5）咖啡的风味鉴定。鉴定咖啡的风味，一般用比较法。具体方法是：在每只杯子里放入同量的咖啡，倒入开水（2/3杯），待咖啡全部沉淀后，用匙稍搅拌一下，再加入开水，直到加满一杯，约过2分钟，看到咖啡沉淀静止，再细细品尝一下咖啡的风味与爽口程度，然后吐出，再鉴定下一杯。注意切不可咽下咖啡，否则在鉴定下一种咖啡时就有可能产生错觉。品尝的同时可以凭嗅觉鉴定咖啡的香味。

（6）有关咖啡的注意事项。

①不要大量地存放咖啡，因为咖啡豆碾碎以后容易失去芳香。要想得到最佳的香味，需要用新焙炒、新碾制的咖啡来调制。

②细碾咖啡易溶解，香味丰富；粗碾咖啡有优雅的香味。可以用90%的细碾咖啡加10%的粗碾咖啡进行混合，这个混合比例无论是对咖啡的保存还是调制都是合理的。

③调制好的咖啡应立即饮用。

④调制咖啡应使用奶油，奶油的质量越好越能和咖啡的香味协调。

（三）果汁与其他软饮料

1. 果汁

果汁有鲜榨、罐装和浓缩三种，酒吧中常用的果汁包括橙汁、柠檬汁、菠萝汁、西柚汁、番茄汁、黑加仑汁、青柠檬汁、红石榴糖浆。其中，青柠檬汁与红石榴糖浆主要用于调酒，一般情况下不直接饮用。橙汁与柠檬汁有鲜榨与浓缩两种，鲜榨的可直接使用，浓缩的要稀释后才能使用。

其他几种果汁多为罐装和瓶装，一般是非浓缩的，直接从瓶（罐）中倒出就可使用。必须注意的是果汁开罐后保鲜时间很短，一般浓缩果汁在冰箱中可以保存 10～15 天，非浓缩果汁可以保存 3～5 天。稀释后的浓缩果汁只能存放 2 天，要尽量做到用多少兑多少，以免浪费。鲜榨果汁保鲜时间只有 24 小时，隔天的鲜榨果汁是不能再饮用的。

果汁放在冰箱中冷藏或使用果汁机（浓缩的要稀释后才使用）冷却后饮用为佳。最佳饮用温度为 10℃。用果汁杯斟至 8 分满即可，无须加冰块。番茄汁饮用时要加一片柠檬片，以增加香味。饮用果汁一般使用果汁杯或高杯。

2. 其他软饮料

软饮料的品种繁多，以下主要介绍调酒常用的几种。

（1）奎宁水：汤利水、苦柠水等。

（2）柠檬味汽水：雪碧、七喜等。

（3）可乐：可口可乐、百事可乐等。可乐的基本成分是咖啡因、焦糖、二氧化碳和水。咖啡因是一种兴奋剂，故喝后会使人觉得精神爽快，有消除疲劳的作用。

（4）橙味汽水：新奇士橙汁汽水、美年达、芬达等。

（5）苏打水。

（6）蒸馏水。

以上饮料饮用前须冷藏，如果冷藏设备不足则应在杯中加放冰块，汤利水、柠檬味汽水和可乐在饮用时若在杯中放一片柠檬片，则更清香可口。

这些软饮料一般使用高杯盛装。

3. 软饮料和果汁的混合调制

软饮料和果汁也可以混合在一起饮用。常见的混合方法有：

（1）苏打水加青柠檬汁。卡伦杯加半杯冰块，放一片柠檬，倒入 10 毫升青柠檬汁，斟苏打水到 8 分满，用吧匙轻轻搅拌一下即可。

（2）矿泉水加青柠檬汁。卡伦杯加半杯冰块，放一片柠檬，倒入 10 毫升青柠檬汁，斟满矿泉水，搅拌即可。

（3）橙汁与菠萝汁混合。果汁杯倒入 2/3 杯橙汁，再斟菠萝汁至 8 分满，调和即可。

（4）雪碧加红石榴糖浆。卡伦杯加半杯冰块，倒入 14 毫升红石榴糖浆，斟满雪碧，搅拌调制即可。

（5）橙汁杂饮（Orange Squash）。卡伦杯加半杯冰块，倒入 140 毫升橙汁、28 毫升白糖浆，然后斟满苏打水，搅拌均匀即可，可用橙角、樱桃作装饰物（用酒签穿着挂在杯边）。

（6）柠檬杂饮（Lemon Squash）。卡伦杯加半杯冰块，倒入56毫升柠檬汁、28毫升白糖浆，斟满苏打水，搅拌均匀即可，用柠檬角与樱桃挂杯装饰。

精讲3 酒吧工作程序和服务标准

一、酒吧工作程序

（一）营业前的工作程序

营业前的工作程序包括：酒吧清洁工作、领货、酒水补充、做好酒水记录、酒吧摆设和调酒准备等。

1. 酒吧清洁工作

（1）清洁酒吧工作台。

（2）清洁冰箱。

（3）清洁地面。

（4）清洁酒瓶与罐装饮料表面。瓶装酒在散卖或调酒时，瓶上残留下的酒液会使酒瓶变得较滑，特别是甜食酒，由于酒中含糖多，残留酒液会在瓶口结成硬颗粒状痕迹；瓶装或罐装啤酒、饮料则由于长途运输及存放而使表面积满灰尘，所以要及时清洁。清洁时用湿毛巾将酒瓶及瓶装、罐装啤酒、饮料等的表面擦干净。

（5）清洁酒杯、工具。

（6）其他地方的清洁。酒吧柜台外的地方每日应按照餐厅的清洁方法清洁，目前许多饭店是由公共区域保洁员或服务员做酒吧清洁工作。

2. 领货

健全的酒吧物品领用程序：清点存货、填写有关表单、领货、发货。“实际发放数量”一栏需要在领货时由库房发货人填写清楚。

（1）领酒水。每天按酒吧所需酒水数量填写酒水领货单，送酒吧经理签名，然后拿给库房发货人取酒发货。做此项工作时，特别注意在领酒水时清点数量及核对名称，以免造成误差。领货后要在酒水领货单的“收货人”一栏签名以便核实查对。食品（水果、果汁、牛奶、香料等）领货程序与酒水领货程序相同。

（2）领酒杯与瓷器。酒杯和瓷器容易损坏，领用和补充是日常工作，需要领用酒杯和瓷器时，要按规格填写好领货单，再拿给库房发货人发货。酒杯与瓷器领回酒吧后要先清洗消毒才能使用。

3. 酒水补充

将领回的酒水分类堆放，需要冷藏的先放进冰箱，补充的酒水必须遵守先进先出的原则，特别是果汁及水果，以免造成不必要的浪费。

4. 做好酒水记录

每个酒吧都要进行成本检查与核算，并设立酒水记录本，在记录本上面清楚地记录酒吧每天的存货、领用酒水、售出数量、结存的具体数字。每个调酒师拿到酒水记录本就可以对酒吧各种酒水的数量一目了然。

5. 酒吧摆设

酒吧摆设主要是指瓶装酒的摆设和酒杯的摆设。摆设的原则是美观大方，具有吸引力，方便工作和专业性强。酒吧的气氛和吸引力往往集中在瓶装酒和酒杯的摆设上，摆设要让客人一看就知道是酒吧。瓶装酒的摆设一是要分类摆，开胃酒、烈性酒、甜食酒分开；二是价格低与价格高的分开，瓶与瓶之间要有间隙，可放进合适的酒杯以增加气氛；三是常用酒与陈列酒分开，常用酒要放在工作台前伸手可及的位置，陈列酒一般可放在酒架的高处陈列。酒杯可分悬挂与摆放两种，悬挂的酒杯主要是装饰酒吧气氛，因为拿取不方便，一般不使用。必要时，取下后要擦净才能使用。摆放在工作台位置的酒杯要便于操作，需要加冰块的酒杯（平底杯）放在靠近冰桶的地方，不加冰块的酒杯放在其他空位，啤酒杯、鸡尾酒杯可放在冰柜冷冻。

6. 调酒准备

（1）冰块。从制冰机中取出冰块放在桶内，并将冰块放进工作台上的贮冰槽中，需要用冰的时候才将冰块取出使用。

（2）配料。如辣椒油、胡椒粉、盐、糖等配料要在营业前将其放在工作台前面准备好，以备调制时用；鲜牛奶、淡奶、菠萝汁、鲜橙汁等，开罐倒入玻璃容器中，并存放在冰箱内；调酒用的汽水也要放在伸手就可拿到的位置。

（3）准备水果装饰物。

（4）准备酒杯。

（5）更换棉织品。

（6）备好单据表格。

（二）营业中的工作程序

营业中的工作程序包括：酒水供应程序，结账程序，酒水调拨程序，清理台面、处理垃圾等。

1. 酒水供应程序

（1）客人点酒水。客人要点酒水时，调酒师或服务员应耐心细致地介绍不同酒水的品种、质量与产地，鸡尾酒的配方内容等。如果客人拿不定主意，调酒师可以向客人推荐酒水，并介绍其味道等。必须记清楚每位客人所点的酒水，以便正确地将客人所点酒水送上。

（2）调酒师或服务员开单。调酒师或服务员在填写酒水供应单时要重复客人所点酒水的名称、数目，避免出差错。如果客人说得不是很清楚，调酒师或服务员要使用礼貌用语，请客人重复一次。填写酒水供应单时应清楚地写上经手人、酒水品种、数量、客人的特征或位置及客人所提出的特别要求，填好后交收款员。

（3）调酒师配制酒水。调酒师收到酒水供应单后，要按酒谱及客人提出的特殊要求进行配制。凡在操作中因不小心或调错等浪费酒水时，都要填写损耗单，并列明项目、规格、数量后送酒吧经理签名认可，再送成本会计处核实入账。配制好酒水后按服务标准将酒水送给客人。

2. 结账程序

客人要求结账时，调酒师或服务员要立即将客人的酒水账单核实一次，核实无误后将酒水账单拿给客人，客人认可后，再按酒水账单收取现金，并且当着客人的面，将所取现金金额重复一次给客人听；如果客人是签单，请客人在账单上用正楷写上房号并签名；信用卡结账则要确认客人的签名等。

3. 酒水调拨程序

由于特别的营业情况，酒吧中经常会出现卖完某品牌的酒水时刚好又有客人要点同一品牌酒水的情况，这就需要调酒师立即从别的酒吧把酒水调拨过来，这在酒吧中称为店内调拨。发出酒水的酒吧要填写一式三份的酒水调拨单，上面写明调拨酒水的数量、品种，从什么酒吧拨到什么酒吧，经手人与领取人签名后交酒吧经理签名。第一联送成本会计处，第二联由发酒水的酒吧保存备查，第三联由接受酒水的酒吧留底。

4. 清理台面，处理垃圾

调酒师要注意经常清理台面，及时将吧台上客人用过的空杯、吸管、杯垫撤下来。一次性的吸管、杯垫要放在垃圾桶内，撤下来的空杯要送去清洗。客人走后要用湿毛巾将台面抹干净，回收的空瓶要放回筐中，没用的空罐要清理干净，烟灰缸要经常更换。

（三）营业后的工作程序

（1）清理酒吧。营业时间结束，客人全部离开后，要做好收拾酒吧的各项工作。先把脏酒杯全部收起送到清洗间，等清洗消毒后全部取回酒吧放好；垃圾桶要清理干净；把所有陈列的酒水小心取下放入柜中，散卖和调酒用过的酒水要用湿毛巾把瓶口擦干净再放回柜中并锁上；水果装饰物要放回冰箱中保存好；吧台、水池等要彻底清洗一次，并擦干净；单据要夹好并放入柜中。

（2）填写每日工作报告。每日工作报告中需要填写的主要项目有：当日营业额、客人人数、平均消费、特别事件和客人投诉等。其目的是供上级掌握各酒吧的营业详情和服务情况。

（3）清点酒水。把当天销售出的酒水按第二联供应单数目及酒吧现存酒水的确实数目填写到酒水记录本上。

（4）检查火灾隐患。

（5）关闭电器开关。

二、酒吧服务标准

（一）调酒服务标准

首先，调酒师要面对面为客人提供服务，站姿要正确，调酒动作要自然、准确、潇洒，用手拿杯要握杯子的下部，不能握杯子的上部，更不能用手碰杯口。调制过程中尽可能使用各种调酒工具，不能在工作中与其他服务员说笑，做一些与调酒无关的事情。其次，为客人调配酒水时，要注意客人到来的先后顺序，先到先调，一般的果汁、汽水、矿泉水、啤酒要在 1 分钟内完成；混合饮料可用 1 ~ 3 分钟完成；鸡尾酒包括装饰物要在 2 ~ 4 分钟内完成。有时多位客人同时点酒水时，应先微笑回应客人，然后按先后次序调制，绝不能怠慢客人。

（二）卫生标准

在酒吧调酒一定要按卫生标准，稀释果汁和调制饮料用的水为冷开水，无冷开水时可用容器盛满冰块再倒入开水冷却，但绝不能直接用自来水。酒水的装饰物尽可能用夹子操作。要注意鲜果汁、鲜牛奶等的保鲜期，天气热时食品更容易变质，要仔细检查食品的卫生状况。所有经过加工处理的水果装饰物的冷藏时间不能超过 24 小时。

（三）观察、询问与良好服务

要注意观察客人的酒水是否快要喝完，烟灰缸是否有烟蒂，吧台是否有水迹等，把一切优良服务做在客人询问之前。在调酒中如客人询问鸡尾酒的制作，作为调酒师应尽可能回答，不能一问三不知。

三、调酒师及服务员的待客服务标准

（一）接听电话

拿起电话时，应使用礼貌用语向客人问好，并耐心细致地回答客人提出的问题，如果客人要订座，必须问清楚用餐人数、时间、客人姓名、联系电话等，并将客人所有资料重复一次让客人确认。

（二）迎接客人

客人到达酒吧时，要主动上前打招呼；如果是较熟的客人，要称呼其姓，让客人感到有亲切感。如客人已订座，要问清客人的姓名与手机号码，并将客人引领到预订的位置就座。客人如有衣物要存放，作为服务员或调酒师有责任提醒客人将贵重物品与现金等拿回，最后将保管牌交给客人。

（三）领客人入座

客人到达酒吧后，要根据客人的要求，把客人带到适合的位置就座，可能的话为客人提供拉椅服务，记住女士优先的原则。

（四）递送酒水单

当客人入座后，调酒师立即为客人递上酒水单（先服务女士）。酒水单要直接递到客人的手中，不要放在台面上。

（五）请客人点酒水

为客人提供酒水单后，可以微笑着问客人："先生（小姐），请问您要喝点什么？"如果客人还没有做出决定，调酒师可以为客人提供建议，推荐酒品。

（六）开酒水单

拿好酒水单和笔，站在客人的右手边，为客人开酒水单，当客人点完酒水后，要复述一次给客人听，客人确认后再开酒水单，为了减少差错，酒水单上要写清楚座号，台号，酒水饮料品种、数量及特别要求，空白处要用笔划掉，开酒单可以用缩写。

（七）酒水供应服务

可先将饮品、纸巾、杯垫和小食放在托盘中，送到客人的桌面，然后上客人所需酒水。对于在酒吧椅上就座的客人，可直接将酒水、杯垫、纸巾拿到吧台给客人。为客人上酒水时要从客人的右手边端上。几位客人同坐一台时，如果记不清哪位客人点了什么酒水，要问清楚后再端送给客人。为客人斟倒酒水饮料时，应将酒水饮料倒至杯子的3/4处。当客人与同桌的人正在热烈交谈的时候，应先示意客人，再将酒水斟倒至杯子的3/4处。当客人的酒水饮料喝完时，要询问客人是否需要再添加饮料（Would you like some more drink?）。

（八）更换烟灰缸

当客人的烟灰缸有两个烟蒂时，要及时为客人更换。更换的方法为把干净的烟灰缸盖在有烟蒂的烟灰缸上，同时将两个烟灰缸一起撤到托盘内，然后把干净的烟灰缸放回到客人的桌上。

（九）为客人斟酒水

为客人斟酒水时，要注意不能斟得太满，一般8分满就可以。

（十）撤空杯或空瓶

经常注意观察客人的一举一动，当客人杯内的酒水快喝完时，要主动走到客人面前，询问客人是否要续杯；当客人的杯子没有酒水时，可以拿着托盘走到客人身边问“可以收去您的空杯子吗?”当客人点头时，可以将空杯子从客人的桌面上取走。

（十一）为客人点烟

为客人点烟时，不能一根火柴点多根烟，若用打火机，注意点着后要马上关掉打火机。燃烧的打火机或火柴不可以离客人太近，一般距离客人的香烟10厘米左右。

（十二）结账

客人要求结账时，服务员或调酒师要立即到收款员处取账单，拿到账单时要检查台号与酒水的品种、数量等，并与客人进行核对，无误后，为客人结账。应双手将账单递给客人，请客人看账单（Here is your bill.），告诉客人消费总额（Here is your total consumption.）并询问其付款的方法。如果现金付款，要当着客人的面将现金清点，并将所收金额复述一次让客人确认，当客人看不清金额时，可以将金额总数读给客人听，但不得让其他客人听见，结账后连同账单的第一联还给客人；如客人要刷卡，可以向客人说明本店使用的卡类（长城卡、大来卡、JBC卡等），刷卡后必须请客人签名；若客人要使用现金支票，则现金支票要由收款员填写；如客人要记账，要请客人出示房间钥匙牌（May I see your room key?），并请客人署上名字（Please print your name.），然后进行登记。

（十三）送客

客人结账后，确定客人准备离开时，如果客人存放了衣物，要根据客人交回的保管牌帮客人取回衣物，并询问客人有没有拿错和少拿了，然后送客人到门口，并使用礼貌用语送别客人。

（十四）清理台面

客人离开后，要用托盘将台面上所有的杯、瓶、烟灰缸等都收掉，再用湿毛巾将台面擦干净，重新摆上干净的烟灰缸和其他用具。

练习题

一、选择题

1. 所有经过加工处理的水果装饰物的冷藏时间不得超过（　　）小时。

A. 50　　B. 68　　C. 24　　D. 40

2. 健全的酒吧物品领用程序包括（　　）、建账入库。

A. 直接领货、发货

B. 清点存货、直接领货、发货

C. 清点存货、填写有关表单、领货、发货

D. 填写有关表单、领货、发货

3. 为客人斟倒饮料时，应将饮料（　　）。

A. 倒至杯子的 3/4 处　　B. 倒至杯子的 2/5 处

C. 倒满一杯　　D. 倒至杯子的 1/5 处

4. 结账时，应将账单（　　）。

A. 用单手递给男客人　　B. 用右手递给女士

C. 用双手递给女客人　　D. 用双手递给客人

5. 当客人看不清金额时，（　　）。

A. 直接将总数读给其他客人

B. 留下账单让客人慢慢看

C. 可以将总数读给客人听，但不得让其他客人听见

D. 让客人自己去找收款员核实总数

6. 客人（　　）结账。

A. 不能使用运通卡、JBC 卡

B. 不能使用万事达卡

C. 可以使用长城卡、大来卡、JBC 卡

D. 不能使用长城卡、万事达卡

7. 现金支票须由（　　）填写。

A. 服务员　　B. 调酒师　　C. 客人　　D. 收款员

8. 客人用现金结账后，应将找回的零钱（　　）。

A. 连同账单的第二联同时还给客人

B. 留做服务员和调酒师的小费

C. 连同账单的第三联同时还给客人

D. 连同账单的第一联同时还给客人

9. 为客人斟倒完饮料后，应将剩余的饮料瓶或饮料放在（　　）。
   A. 冰箱上　　B. 杯子的左下方
   C. 杯子的右上方　　D. 杯子的右下方
10. 当客人与同桌的人正在热烈交谈的时候，（　　）。
   A. 无须示意客人，应以最快的速度为其斟倒饮料
   B. 为了方便斟倒饮料，应将饮料的商标指向服务员自己
   C. 应先示意客人，再斟倒饮料至杯子的 3/4 处
   D. 打断客人交谈，并以最快的速度为其斟倒饮料
11. “Would you like some more drink?” 的意思是（　　）。
   A. 这是无酒精饮料　　B. 没有果汁了
   C. 是否需要再添加饮料　　D. 酒吧已经下班了
12. “Here is your total consumption.” 的意思是（　　）。
   A. 客人要稍候结账　　B. 客人消费的总金额
   C. 客人要检查账单　　D. 客人不结账
13. “Here is your bill.” 的意思是（　　）。
   A. 客人要稍候结账　　B. 请客人看账单
   C. 客人要检查账单　　D. 客人不能结账
14. “May I see your room key?” 的意思是（　　）。
   A. 客人要稍候结账　　B. 请客人出示房间钥匙牌
   C. 客人要检查账单　　D. 客人不结账
15. “Please print your name.” 的意思是（　　）。
   A. 请客人署上名字　　B. 客人要询问价格
   C. 客人要看酒水单　　D. 客人要发票
16. 调酒师应（　　）检查冷藏柜的卫生，及时清除冷藏柜底部的结冰。
   A. 每月　　B. 每周　　C. 隔周　　D. 每天
17. 下列工作中，（　　）不属于酒吧营业前的工作。
   A. 准备服务用品、准备调酒辅料　　B. 布置和陈列酒水
   C. 领用补充酒水、清洁卫生　　D. 盘点酒水
18. “实际发放数量”一栏须在领货时由（　　）填写清楚。
   A. 库房发货人　　B. 采购员
   C. 保卫部经理或餐厅主管　　D. 领货人、仓库保管员
19. 所有经过加工处理的水果装饰物的冷藏时间（　　）小时。
   A. 可以是 68　　B. 可以是 15　　C. 可以是 32　　D. 可以是 44
20. 在给客人账单时，须将（　　）指给客人看。
   A. 酒水的品牌　　B. 总金额　　C. 服务员的名字　　D. 调酒师的名字

21. 客人支付现金时，(　　)。
    A. 可以拒收，并告知客人必须签单结账
    B. 可以拒收，并告知客人必须用信用卡结账
    C. 须在客人桌旁当面点清再拿走
    D. 可以立即给客人找零钱
22. 客人支付现金时，(　　)。
    A. 可以向客人直接索要小费
    B. 应先将现金拿到吧台，再由调酒师点清
    C. 须先将现金拿回吧台由收款员或调酒师点清
    D. 不可以向客人直接索要小费
23. “(　　)”的中文意思是请客人慢慢品尝。
    A. Deep down a long time.　　B. Swape to here.
    C. Please enjoy your drink.　　D. Look you，follow.
24. 当询问客人是否需要再添加饮料时应说“(　　)”。
    A. Take some more drink?　　B. May I help you?
    C. Drink something?　　D. Would you like some more drink?

二、判断题

(　　) 1. 为客人斟倒饮料时，应将饮料倒至杯子的3/4处。
(　　) 2. 客人用现金结账后，应将找回的零钱同账单的第一联同时还给客人。
(　　) 3. 当询问客人是否加牛奶时应说“Would you like some more drink?”
(　　) 4. “May I see your room key?”的意思是请客人出示房间钥匙牌。

初级调酒师理论知识考核模拟试卷 1

一、选择题（第 1 ~ 158 题。选择一个正确的答案，将相应的字母填入括号中）

1. 职业道德是一种（　　）的约束机制。
A. 强制性　　B. 非强制性　　C. 随意性　　D. 自发性

2. 市场经济条件下，职业道德最终将在企业起到（　　）的作用。
A. 决策科学化　　B. 提高竞争力　　C. 决定经济效益　　D. 决定前途与命运

3. 下列选项中属于企业文化功能的是（　　）。
A. 整合功能　　B. 技术培训功能　　C. 科学研究功能　　D. 社交功能

4. 下列选项中属于职业道德作用的是（　　）。
A. 增强企业的凝聚力　　B. 增强企业的离心力
C. 决定企业的经济效益　　D. 增强企业员工的独立性

5. 在商业活动中，不符合待人热情要求的是（　　）。
A. 严肃待客，表情冷漠　　B. 主动服务，细致周到
C. 微笑大方，不厌其烦　　D. 亲切友好，宾至如归

6. 爱岗敬业的具体要求是（　　）。
A. 看效益决定是否爱岗　　B. 转变择业观念
C. 提高职业技能　　D. 增强机遇意识

7. （　　）是企业诚实守信的内在要求。
A. 维护企业信誉　　B. 增加职工福利
C. 注重经济效益　　D. 开展员工培训

8. 下列事项中属于办事公道的是（　　）。
A. 顾全大局，一切听从上级　　B. 大公无私，拒绝亲戚求助
C. 知人善任，努力培养知己　　D. 坚持原则，不计个人得失

9. 下列关于勤劳节俭的论述中，不正确的选项是（　　）。
A. 企业可提倡勤劳，但不宜提倡节俭
B. “一分钟应看成是八分钟”
C. 勤劳节俭符合可持续发展的要求
D. “节省一块钱，就等于净赚一块钱”

10. 根据《劳动法》第三十二条规定，如用人单位以暴力手段强迫劳动，则劳动者（　　）通知用人单位解除劳动合同。

A. 可以随时

B. 必须提前20天以电话形式

C. 必须提前60天以书面形式

D. 必须提前30天以电话形式

11. 在下列情形中，用人单位可以解除劳动合同，但是应当提前30天以书面形式通知劳动者本人的是（　　）

A. 劳动者因工负伤被确认丧失劳动能力

B. 劳动者因患职业病被确认丧失劳动能力

C. 女职工在孕期、产期内

D. 用人单位被撤销

12. 经营者（　　）的基本依据包括生产经营成本和市场供求状况。

A. 定价　　B. 运输商品　　C. 进口商品　　D. 出口商品

13. 经营者（　　）消费者的身体及其携带的物品。

A. 可以有限度地调查

B. 可以委托企业内部的保安调查

C. 认为有必要，可以随意搜查

D. 不得搜查

14. 一切组织和个人都可以对损害消费者合法权益的行为进行（　　）。

A. 仲裁、处罚　　B. 法律监督　　C. 罚款　　D. 社会监督

15. 卫生许可证由（　　）签发。

A. 县级以上卫生行政部门　　B. 省级的甲等医院

C. 乡镇级的医院　　D. 二级以上的医院

16. 酒的生产是建立在微生物的基础上的，酿酒原料中的糖在酶的作用下，最终转化为（　　）。

A. 甲醇　　B. 甲醛　　C. 乙醛　　D. 乙醇

17. （　　）工艺可以改善酒质，使酒进一步成熟，逐渐变得醇厚、柔和。

A. 蒸馏　　B. 发酵　　C. 糖化　　D. 陈化

18. 酒的主要成分是（　　）和水。

A. 乙醇　　B. 甲醇　　C. 甲醛　　D. 乙醛

19. 白兰地的颜色来源是（　　）。

A. 自然生色　　B. 非人工增色

C. 来自酿酒原料本身　　D. 人工增色

20. 标准状态下，乙醇的（　　）。

A. 沸点为100℃，冰点为0℃

B. 沸点为100℃，冰点为－114℃

C. 沸点99.3℃，冰点为0℃

D. 沸点为 78.3℃，冰点为 -114℃

21. “Sikes”是（　　）的表示方法。

A. 标准酒度　B. 英制酒度　C. 美制酒度　D. 法制酒度

22. 在《韦氏词典》中，关于酒的定义是这样说的：凡酒精含量在（　　）的酒精饮料都可以称为酒。

A. 0.5% ~75.5%　B. 95%以上

C. 85.5%以上　D. 5.5% ~95.5%

23. 发酵酒又称原汁酒或酿造酒，是在含有糖分的原料中加入（　　）进行发酵而得到的酒精饮料。

A. 酒精　B. 酵母　C. 脂肪　D. 霉菌

24. 下列属于蒸馏酒的是（　　）。

A. 啤酒、葡萄酒　B. 白兰地、啤酒

C. 威士忌、葡萄酒　D. 白兰地、威士忌

25. 黄酒的酒度一般为（　　）。

A. 15°~20°　B. 30°左右

C. 3°~13°左右　D. 10°以下

26. 清酒的口味（　　）。

A. 非常干涩　B. 酸度大、苦味较明显

C. 酸度小、微苦　D. 比较甜腻

27. 制作清酒的主要原料是（　　）。

A. 精白米　B. 大麦　C. 小麦　D. 甘蔗

28. 啤酒的生产过程主要包括（　　）。

A. 米曲、用水、蒸饭等

B. 洗米、米曲、用米、用水等

C. 蒸饭、用米等

D. 选麦、陈酿、发酵等

29. 以糯米、粳米、黏黄米为主要生产原料制作的是（　　）。

A. 金酒　B. 白酒　C. 黄酒　D. 味美思

30. 啤酒中含有丰富的（　　）。

A. 维生素 A　B. 维生素 B　C. 维生素 C　D. 维生素 E

31. 红葡萄酒和白葡萄酒在酿造过程中的最大区别在于（　　）。

A. 发酵时间的长短

B. 红葡萄酒只使用红葡萄、白葡萄酒只用白葡萄

C. 是否采用在酒液中浸皮发酵

D. 使用的葡萄的颜色不同

32. Cabernet Sauvignon 葡萄在波尔多地区酿制葡萄酒时主要与（　　）搭配。

A. Gamay　　B. Pinot Noir　　C. Cabernet Franc　　D. Merlot

33. 原产自勃艮第，目前在全世界最受欢迎的酿造白葡萄酒的是（　　）葡萄。

A. Chenin Blanc　　B. Chardonnay　　C. Riesling　　D. Sauvignon Blanc

34. （　　）产区用于酿制红葡萄酒的主要葡萄品种有：Cabernet Savignon、Merlot、Cabernet Franc。

A. 隆河谷　　B. 波尔多　　C. 勃艮第　　D. 阿尔萨斯

35. Burgundy 地区用于酿制红葡萄酒的主要葡萄品种有：（　　）。

A. Gamay、Pinot Nior　　B. Cabernet sauvignon、Merlot

C. Syrah　　D. Chardonnay

36. 传统酿造法规定香槟酒必须在酒瓶中进行（　　）。

A. 第三次发酵　　B. 第一次发酵　　C. 第二次发酵　　D. 多次蒸馏

37. 含糖量为每公斤 20～35 克的香槟酒属于（　　）。

A. Extra Sec　　B. Extra Brut　　C. Sec　　D. Demi Sec

38. 标有“Blanc de Blanc”的香槟酒是用（　　）葡萄酿造的。

A. Koomry　　B. Chardonnay　　C. Syrah　　D. Cabernet Sauvignon

39. （　　）是构成红葡萄酒口味结构的主要成分。

A. 酵母　　B. 乙醛　　C. 丙酚　　D. 单宁

40. 法国葡萄酒的质量等级可以分为：（　　）。

A. Tafelwein、Landwein、VDQS、AOC

B. DOCG、DOC、AOC

C. VDT、VDP、VDQS、AOC

D. DOCG、DOC、VDP、AOC

41. 意大利葡萄酒的质量等级可以分为：（　　）。

A. Tafelwein、Landwein、VDQS、AOC

B. DOCG、DOC、IGT、VDT

C. VDT、VDP、VDQS、AOC

D. DOCG、DOC、VDP、AOC

42. 德国葡萄酒的质量等级可以分为：（　　）。

A. VDT、VDP、VDQS、AOC

B. DOCG、DOC、AOC

C. Tafelwein、Landwein、QbA、QmP

D. DOCG、DOC、VDP、AOC

43. 大麦是制作（　　）的主要原料。

A. 味美思　　B. 白兰地　　C. 美国威士忌　　D. 朗姆酒

44. 葡萄酒及发酵的葡萄汁主要是制作（　　）的原料。

A. 味美思　B. 朗姆酒　C. 白兰地　D. 金酒

45. 制作伏特加的主要原料是（　　）。

A. 豆类　B. 小麦　C. 马铃薯　D. 甘蔗

46. 朗姆酒的主要原料是（　　）。

A. 豆类　B. 甘蔗制糖的副产品、糖蜜和糖渣

C. 糯米　D. 稻米

47. 荷式金酒是以大麦为主原料，加入杜松子与香料（　　）而成。

A. 勾兑　B. 蒸馏　C. 发酵　D. 配制

48. （　　）具有烟熏的焦香味。

A. Scotch Whisky　B. American Whisky

C. Irish Whisky　D. Canadian Whisky

49. 波本威士忌的酒液呈（　　）色。

A. 无色透明　B. 琥珀　C. 淡棕　D. 深棕

50. （　　）具有无泥炭的烟熏味。

A. Scotch Whisky　B. Irish Whisky

C. American Whisky　D. Canadian Whisky

51. （　　）至少陈酿 4 年才能进行勾兑和瓶装销售。

A. Scotch Whisky　B. Irish Whisky

C. American Whisky　D. Canadian Whisky

52. 以葡萄酒或某些蒸馏酒为基酒，加入植物（　　）和药材制成苦酒。

A. 叶子　B. 树枝　C. 树皮　D. 根茎

53. （　　）是以纯食用酒精或蒸馏酒为基酒制成的。

A. 味美思　B. 茴香酒　C. 伏特加　D. 白酒

54. 餐后鸡尾酒通常（　　）。

A. 酒精含量较高，口味较辛辣　B. 色彩艳丽，口味较辛辣

C. 含糖分较少，口味或酸或干烈　D. 口味较甜，是餐后佐助甜品

55. 鸡尾酒以（　　）、其他烈性酒或葡萄酒为基酒。

A. 啤酒、清酒、利口酒　B. 朗姆酒、威士忌

C. 黑俄罗斯、螺丝刀、啤酒　D. 清酒、啤酒、黄酒

56.《韦氏词典》对鸡尾酒所下的定义是：鸡尾酒是一种（　　）。

A. 量大的混配酒　B. 量极大而冰镇的水果酒

C. 量少而需加热的混配酒　D. 量少而冰镇的酒

57. 碳酸饮料包括（　　）等。

A. 丁香、橙汁、咖啡蜜酒、苏打水　B. 可乐、雪碧、七喜、苏打水

C. 丁香、柠檬汁、薄荷酒　D. 安哥斯特拉苦精、咖啡蜜酒、雪碧

58. 加味加香材料包括（　　）、咖啡色的咖啡蜜酒等。

A. 蓝色的蓝橙酒、绿色的薄荷酒

B. 丁香、苏打水、安哥斯特拉苦精

C. 肉桂、汤利水、七喜

D. 肉桂、汤利水、安哥斯特拉苦精

59. 鸡尾酒的调制原则包括（　　）。

A. 烈性酒只能与甜腻口味的酒相搭配，调制成鸡尾酒

B. 绝不可以将口味相近的酒和饮料混合调制成鸡尾酒

C. 烈性酒可以与任何味道的酒或其他饮料相搭配，调制成鸡尾酒

D. 口味不同的酒和饮料最适宜混合调制成鸡尾酒

60. Dry Martini 的载杯是（　　）。

A. 鸡尾酒杯　　B. 卡伦杯　　C. 古典杯　　D. 海波杯

61. Perfect Manhattan 的载杯是（　）。

A. 古典杯　　B. 卡伦杯　　C. 鸡尾酒杯　　D. 海波杯

62. Kir 的调制方法是（　　）。

A. 摇和法　　B. 调和法　　C. 兑和法　　D. 搅和法

63. Black Russian 的载杯是（　　）。

A. 鸡尾酒杯　　B. 卡伦杯　　C. 古典杯　　D. 海波杯

64. Gin Tonic 的载杯是（　　）。

A. 鸡尾酒杯　　B. 卡伦杯　　C. 古典杯　　D. 海波杯

65. Rusty Nail 的载杯是（　　）。

A. 鸡尾酒杯　　B. 卡伦杯　　C. 古典杯　　D. 海波杯

66. Snow Ball 的载杯是（　　）。

A. 鸡尾酒杯　　B. 卡伦杯　　C. 古典杯　　D. 海波杯

67. Gibson 的载杯是（　　）。

A. 鸡尾酒杯　　B. 卡伦杯　　C. 古典杯　　D. 海波杯

68. 从现代酒吧企业经营的角度看，酒吧是提供（　　），以赚取利润为目的，作有计划经营的一种经济实体。

A. 中式菜肴及饮品　　B. 西式菜肴

C. 中式菜肴　　D. 服务及饮品

69. 酒店常见的酒吧形式包括站立式酒吧、鸡尾酒廊、（　　）和宴会酒吧。

A. 健身酒吧　　B. 休闲酒吧　　C. 服务酒吧　　D. 展卖酒吧

70. 酒吧吧台的标准高度应为（　　）。

A. 80 厘米　　B. 95 厘米　　C. 135 厘米　　D. 106 ~ 117 厘米

71. 吧台的台面宽度一般为（　　）。

A. 0.5 ~ 0.75 米　　B. 1 米　　C. 1.25 米　　D. 1.5 米

72. 酒吧实行三级组织结构体系，即酒吧人员自上而下分为（　　）和服务员三个层次。

A. 副经理、调酒师　　B. 经理、领班
C. 领班、实习生　　D. 领班、调酒师

73. 在中、小型饭店的酒吧中，领班又可分为调酒领班和（　　）。

A. 酒吧主管　　B. 餐饮领班　　C. 服务领班　　D. 调酒主管

74. （　　）不是酒吧的清洁用具。

A. 拖布　　B. 脏杯清洁台　　C. 推尘器　　D. 吸尘器

75. （　　）是酒吧的调酒用具之一。

A. 装饰物　　B. 冰块　　C. 调酒壶　　D. 啤酒配出器

76. （　　）是酒吧的调酒用具之一。

A. 装饰物　　B. 冰块　　C. 调酒杯　　D. 工作台

77. （　　）是酒吧的调酒用具之一。

A. 冷却机　　B. 导管　　C. 吧匙　　D. 贮冰柜

78. 量杯是酒吧的（　　）用具之一。

A. 运输　　B. 储物　　C. 清洁　　D. 调酒

79. 进行酒水服务的用具包括（　　）

A. 酒嘴　　B. 食签　　C. 酒单　　D. 调味瓶

80. （　　）属于进行酒水服务的用具。

A. 配料盒　　B. 酒瓶　　C. 咖啡杯　　D. 招贴画

81. 酒吧的专用（　　）用具包括咖啡杯。

A. 结账　　B. 服务　　C. 操作　　D. 开吧

82. 海波杯或卡伦杯（　　）

A. 应是平底高杯　　B. 应是宽口矮脚杯
C. 应是高脚窄口杯　　D. 应是高脚方口水杯

83. 生物性污染包括（　　）以及昆虫对食品造成的污染。

A. 微生物、有害动物　　B. 微生物、寄生虫和虫卵
C. 有害动物、寄生虫和虫卵　　D. 有害动物、致病菌

84. 食品实行的“四隔离”中食品与（　　）、药物、天然水隔离。

A. 杂物　　B. 佐料　　C. 香料　　D. 酒水

85. 构成蛋白质的基本单位是（　　）。

A. 核酸　　B. 氨基酸　　C. 肽　　D. 单糖

86. 糖类按其（　　）可分为单糖、双糖和多糖。

A. 含水量　　B. 物理结构　　C. 晶体颗粒数量　　D. 化学结构

87. （　　）是蛋白质的主要来源。

A. 肉类　　B. 坚果类　　C. 蔬菜类　　D. 水果类

88. 类脂质是多种组织和（　　）的组成部分。

A. 细胞　B. 脂肪酸　C. 胆固醇　D. 甘油三醇

89. 为使消化腺有规律的活动，每天必须（　　）。

A. 按时进餐　B. 逐渐增加进餐次数

C. 逐渐减少进餐次数　D. 不定时进餐

90. 合理营养就是提供有利于人体健康的（　　）。

A. 维生素　B. 必要物质　C. 微量元素　D. 平衡膳食

91. 一个人的（　　）主要是通过他的相貌、服饰、气质、风度等展现出来的。

A. 人格魅力　B. 形象魅力　C. 性格魅力　D. 内在魅力

92. 眼神和微笑是最富有感染力的（　　）。

A. 体态语言　B. 自然语言　C. 心灵语言　D. 表情语言

93. 人格魅力是（　　）。

A. 注重道德修养　B. 注重清洁　C. 注重思维方法　D. 注重工作方法

94. 体态语言是通过人的动作、体态等表现出来的（　　）语言。

A. 非自然　B. 自然　C. 逻辑　D. 非逻辑

95. 礼貌用语具有（　　），是服务人员向客人表达意愿、交流感情和沟通思想的重要交际工具。

A. 表示敬意的特性

B. 体现礼貌和提供服务的双重特性

C. 表示询问的特性

D. 表示郑重的特性

96. 在西方人的礼节中，对已婚的女性客人应称呼（　　）。

A. 小姐　B. 同志　C. 太太　D. 姑娘

97. 下列对男员工仪容仪表的叙述中，（　　）是符合饭店要求的。

A. 不留大鬓角　B. 留长指甲、留长发

C. 佩戴显眼的饰物　D. 留小胡子，头发染成彩色的

98. 日本人忌（　　）图案，认为是妖花。

A. 菊花　B. 荷花　C. 玫瑰　D. 梅花

99. 韩国人忌数字“（　　）”，认为不吉利。

A. 0　B. 4　C. 7　D. 13

100. 英国人忌数字“（　　）”，认为不吉利。

A. 0　B. 3 和 13　C. 7　D. 19

101. 在酒吧中，红葡萄酒通常缩写成（　　）。

A. E. K.　B. W. L.　C. T. R.　D. R. W.

102. 在酒吧中，白兰地的缩写形式是（　　）。

A. By.　B. Hk.　C. Boa.　D. Han.

103. 在酒吧中，威士忌的缩写形式是（　　）。

A. Wh.　　B. Hk.　　C. Boa.　　D. Han.

104. 在酒吧中，圣代的缩写形式是（　　）。

A. S/D　　B. Hk.　　C. Boa.　　D. Han

105. （　　）不属于酒吧中常见的冰镇饮料。

A. 利口酒　　B. 啤酒　　C. 碳酸饮料　　D. 白葡萄酒

106. （　　）不属于酒吧中常见的非冰镇饮料。

A. 黄酒　　B. 白兰地　　C. 啤酒　　D. 威士忌

107. （　　）的目的之一是抑制饮料中微生物和细菌的生长繁殖速度，维持饮料的质量，延长其保质期。

A. 酒水库房管理　B. 酒水冷藏管理　C. 酒水销售管理　D. 酒水生产管理

108. 冷藏设备应（　　）。

A. 定期保养　　B. 待出现故障后再开始保养

C. 尽量少保养　　D. 尽量不保养

109. 下列工作中，（　　）不属于酒吧营业前的准备工作。

A. 布置酒水　　B. 盘点酒水　　C. 准备调酒辅料　D. 准备服务用品

110. “实际发放数量”一栏需在领货时由（　　）填写清楚。

A. 保卫部经理　　B. 调酒师、采购员

C. 库房发货人　　D. 领货人、采购员

111. 卡伦杯一般用于盛装（　　）。

A. 冰水　　B. 瓶装啤酒、听装啤酒

C. 矿泉水、听装啤酒　　D. 各种烈性酒加汽水等混合饮料

112. 烈性杯一般用于净饮（　　）。

A. 冰水　　B. 瓶装啤酒、听装啤酒

C. 矿泉水、听装啤酒　　D. 各种烈性酒（白兰地除外）

113. 古典杯一般用于盛装（　　）。

A. 冰水　　B. 瓶装啤酒、听装啤酒

C. 矿泉水、听装啤酒　　D. 加冰块的烈性酒

114. 扎啤杯一般用于盛装（　　）。

A. 各种带泡沫的软饮料　　B. 瓶装啤酒、听装啤酒

C. 矿泉水、听装啤酒　　D. 生啤酒

115. 雪利杯容量通常为（　　）毫升。

A. 80　　B. 116　　C. 126　　D. 56

116. 鸡尾酒杯主要用于盛装（　　）。

A. 长饮鸡尾酒　　B. 苦味的鸡尾酒

C. 辛味的鸡尾酒　　D. 短饮鸡尾酒

117. 海波杯一般用于盛装（　　）。

A. 冰水　　B. 瓶装啤酒、听装啤酒

C. 矿泉水、听装啤酒　　D. 各种汽水等软饮料

118. 玛格丽特杯容量通常为（　　）毫升。

A. 190　　B. 116　　C. 126　　D. 140～168

119. 水杯主要用于盛装（　　）。

A. 苏打水　　B. 瓶装啤酒、听装啤酒

C. 苏打水、听装啤酒　　D. 冰水、矿泉水

120. 在服务过程中，（　　）必须用托盘搬运。

A. 只有利口酒杯、扎啤杯　　B. 所有的酒杯

C. 只有葡萄酒杯、烈性杯　　D. 只有水杯、红葡萄酒杯

121. 调酒辅料可以（　　），增添鸡尾酒的色彩，使之变得五彩斑斓。

A. 缓和基酒强烈的刺激味　　B. 增强基酒的辛味

C. 增强基酒的辣味　　D. 增强基酒的酸味

122. 在营业前准备调酒辅料时，应重点检查（　　）的保质期和生产时间，避免使用过期产品。

A. 白兰地　　B. 可乐

C. 姜汁汽水、汤利水　　D. 橙汁、利口酒

123. 为了确保质量，酒吧通常选择（　　）为果汁类辅料。

A. 桶装或罐装果汁　　B. 鲜榨果汁

C. 浓缩果汁　　D. 稀释果汁

124. 碳酸饮料包括（　　）等。

A. 苏打水、矿泉水　　B. 七喜、雪碧、姜汁汽水

C. 七喜、西瓜汁、牛奶　　D. 菠萝汁、芹菜汁、牛奶

125. 果汁类饮料包括（　　）等。

A. 苏打水、矿泉水　　B. 西瓜汁、柠檬汁、菠萝汁

C. 七喜、西瓜汁、牛奶　　D. 菠萝汁、芹菜汁、牛奶

126. 在鸡尾酒调制中，还会使用（　　）作调酒辅料。

A. 白兰地、矿泉水　　B. 胡椒粉、鸡蛋、辣椒油

C. 红茶、西瓜汁、黄酒　　D. 菠萝汁、葡萄酒、牛奶

127. （　　）在鸡尾酒调制中起到调色的作用，是重要的调酒原料。

A. 黄酒、咖啡　　B. 利口酒

C. 葡萄酒、白酒　　D. 咖啡、雪利酒

128. 使用柠檬做鸡尾酒装饰物时，多以柠檬片、（　　）为主。

A. 柠檬果肉和柠檬干　　B. 柠檬角和柠檬皮

C. 柠檬脯和柠檬果肉　　D. 柠檬干和柠檬脯

129. 所有经过加工处理的水果装饰物的冷藏时间不得超过（　　）小时。

A. 50　　B. 68　　C. 24　　D. 40

130. 健全的酒吧商品领用程序包括（　　）、建账入库。

A. 直接领货、发货

B. 清点存货、直接领货、发货

C. 清点存货、填写有关表单、领货、发货

D. 填写有关表单、领货、发货

131. 兑和法是将酒水（　　）。

A. 按配方中的分量，直接依次倒入杯中，无须搅拌（或作轻微搅拌）即可

B. 按客人的需要量，直接依次倒入杯中即可

C. 按客人的需要量，直接倒入浸在热水中的杯子里即可

D. 按配方中的分量，直接倒入调酒壶中用力搅拌即可

132. 调和法是将酒水（　　）。

A. 按配方中的分量，倒入调酒杯中，加进冰块，用吧匙搅拌均匀

B. 按客人的需要量，直接依次倒入杯中即可

C. 按客人的需要量，直接倒入浸在热水中的杯子里即可

D. 按配方中的分量，直接倒入调酒壶中用力搅拌即可

133. （　　）不适用于兑和法制作。

A. 鸡尾酒“血腥玛丽”　　B. 高杯类饮品

C. 热饮　　D. 鸡尾酒“威士忌苏打”

134. （　　）最适用于调和法制作。

A. 果汁类饮品　　B. 热饮

C. 鸡尾酒“血腥玛丽”　　D. 鸡尾酒“金巴克”

135. 调制鸡尾酒的基本方法包括兑和法、调和法、（　　）和搅和法。

A. 摇和法　　B. 冲和法

C. 中和法、离合法　　D. 冲和法、离合法

136. 在用调和法调制鸡尾酒时，应（　　）。

A. 用左手握调酒杯杯底，用右手以按握毛笔的姿势握住吧匙进行搅动

B. 用右手握调酒杯杯底，用左手以按握钢笔的姿势握住吧匙进行搅动

C. 用右手握调酒杯杯口，用左手以按握钢笔的姿势握住吧匙进行搅动

D. 用左手握调酒杯杯口，用右手以按握毛笔的姿势握住吧匙进行搅动

137. 调制鸡尾酒时，调酒师的手只能拿酒杯的（　　）。

A. 杯口或中间部分　　B. 整个杯身

C. 杯身下部　　D. 杯身上部

138. 为客人斟倒饮料时，应将饮料（　　）。

A. 倒至杯子的 3/4 处　　B. 倒至杯子的 2/5 处

C. 倒满一杯 D. 倒至杯子的 1/5 处

139. 结账时，应将账单（ ）。

A. 用单手递给男客人 B. 用右手递给女士

C. 用双手递给女客人 D. 用双手递给主人

140. 当客人看不清金额时，（ ）。

A. 直接将总数读给其他客人

B. 留下账单让客人慢慢看

C. 可以将总数读给客人听，但不得让其他客人听见

D. 让客人自己去找收款员核实总数

141. 客人（ ）结账。

A. 不能使用运通卡、JBC 卡

B. 不能使用万事达卡

C. 可以使用长城卡、大来卡、JBC 卡

D. 不能使用长城卡、万事达卡

142. 现金支票须由（ ）填写。

A. 服务员 B. 调酒师 C. 客人 D. 收款员

143. 客人用现金结账后，应将找回的零钱（ ）。

A. 连同账单的第二联同时还给客人

B. 留做服务员和调酒师的小费

C. 连同账单的第三联同时还给客人

D. 连同账单的第一联同时还给客人

144. 为客人斟倒完饮料后，应将剩余的饮料瓶或饮料放在（ ）。

A. 冰箱上 B. 杯子的左下方

C. 杯的右上方 D. 杯的右下方

145. 当客人与同桌的人正在热烈交谈的时候，（ ）。

A. 无须示意客人，应以最快的速度为其斟倒饮料

B. 为了方便斟倒饮料，应将饮料的商标指向服务员自己

C. 应先示意客人，再将饮料斟倒至杯子的 3/4 处

D. 打断客人交谈，并以最快的速度为其斟倒饮料

146. "Would you like some more drink?" 的意思是（ ）。

A. 这是无酒精饮料 B 没有果汁了

C. 是否需要再添加饮料 D. 酒吧已经下班了

147. "Here is your total consumption." 的意思是（ ）。

A. 客人要稍候结账 B. 客人消费的总金额

C. 客人要检查账单 D. 客人不结账

148. “Here is your bill.” 的意思是（　　）。
A. 客人要稍候结账　　B. 请客人看账单
C. 客人要检查账单　　D. 客人不能结账

149. “May I see your room key?” 的意思是（　　）。
A. 客人要稍候结账　　B. 请客人出示房间钥匙牌
C. 客人要检查账单　　D. 客人不结账

150. “Please print your name.” 的意思是（　　）。
A. 请客人署上名字　　B. 客人要询问价格
C. 客人要看酒单　　D. 客人要发票

151. 产自巴西的（　　）通常翻译成中文“百家得”。
A. Hook　　B. Doom Wine　　C. Bacardi Rum　　D. Dunhill 21

152. 产自英国的（　　）通常翻译成中文“钻石金”。
A. Hine　　B. Dask　　C. Gilbey's Gin　　D. Dunhill

153. 产自荷兰的（　　）通常翻译成中文“咖啡利口酒”。
A. Clock　　B. Coffee Liqueur　　C. Dun　　D. Drambuie

154. 产自俄罗斯的（　　）通常翻译成中文“绿牌伏特加”。
A. Hine　　B. Dask　　C. Moskovskaya　　D. Dunhill

155. Fruit Squeezer 翻译成中文“（　　）”。
A. 烟缸　　B. 餐巾纸　　C. 拖布　　D. 水果挤压器

156. 开瓶器的英文名称是“（　　）”。
A. Cup Machine　　B. Washing Case　　C. Bottle Opener　　D. Glass Towl

157. 吸管的英文名称是“（　　）”。
A. Fruit Squeezer　　B. Leep Machine　　C. Straw　　D. Gold

158. 装饰签的英文名称是"（　　）"。
A. Cool　　B. Case　　C. Machine　　D. Tooth Pick

二、判断题（第 159 ~ 194 题。将判断结果填入括号中，正确的填“√”，错误的填“×”）

（　　）159. 事业成功的人往往具有较高的职业道德。
（　　）160. 经营者定价的基本依据是要取得的利润。
（　　）161. 食品生产经营人员每年必须进行健康检查。
（　　）162. 新参加工作和临时性参加工作的食品生产经营人员必须进行健康检查，取得健康证明后方可参加工作。
（　　）163. “健康合格证”由劳动者所在单位发放。
（　　）164. 凡是可以饮用的液体都称为饮料。
（　　）165. 饮料按照物理形态可分为固态饮料和软饮料。

( ) 166. 酒的生产是建立在微生物的基础上的，酿酒原料中的蛋白质在酶的作用下，最终转化为乙醇。
( ) 167. Bacardi、Havana Club 都是世界著名的朗姆酒品牌。
( ) 168. 大麦主要是特基拉酒的原料。
( ) 169. 加入杜松子与香料发酵而成的酒是荷式金酒。
( ) 170. Cuba Libre 的装饰物是青柠角。
( ) 171. Perfect Manhattan 的载杯是鸡尾酒杯。
( ) 172. 酒吧吧台的标准高度高于 130 厘米。
( ) 173. 保证饭店中餐饮部处于正常运转的状态，是酒吧经理的主要职责。
( ) 174. 按照酒吧领班的安排，在指定的岗位调制各种饮料是调酒师的主要职责。
( ) 175. 地毯吸尘的最佳方法是使用吸尘器。
( ) 176. 调酒杯是酒吧的调酒用具之一。
( ) 177. 利口酒杯是平底高杯。
( ) 178. 生物性污染包括微生物、寄生虫和虫卵以及有害动物对食品造成的污染。
( ) 179. 食品实行的“四隔离”包括冷与热的隔离。
( ) 180. 公共关系人员应注重道德修养，做一个诚实可信、亲切、通情达理、认真敬业的人。
( ) 181. 员工的制服上有污渍时必须及时更换。
( ) 182. 法国人忌荷花图案，认为是妖花。
( ) 183. 调和法是将酒水按客人的需要量，直接倒入调酒壶中用力搅拌。
( ) 184. 鸡尾酒“血腥玛丽”适用于调和法制作。
( ) 185. 调制鸡尾酒的基本方法有摇和法、调和法、兑和法和搅和法。
( ) 186. 为客人斟倒饮料时，应将饮料倒至杯子的 3/4 处。
( ) 187. 客人用现金结账后，应将找回的零钱同账单的第一联同时还给客人。
( ) 188. 当告诉客人是否加牛奶时应说“Would you like some more drink?”
( ) 189. 产自日本的 Smirnoff 通常翻译成中文“三得利皇冠”。
( ) 190. 产自巴西的 Boful 通常翻译成中文“百家得”。
( ) 191. 产自美国的 Hide 通常翻译成中文“蓝橙酒”。
( ) 192. 产自俄罗斯的 Moskovskaya 通常翻译成中文“绿牌伏特加”。
( ) 193. Zester 翻译成中文是“切板”。
( ) 194. 开瓶器的英文名称是“Bottle Opener”。

初级调酒师理论知识考核模拟试卷 2

一、选择题（第 1 ~ 158 题。选择一个正确的答案，将相应的字母填入括号中）

1. 市场经济条件下，职业道德具有（　　）的社会功能。

A. 鼓励人们自由选择职业　　B. 遏制牟利最大化

C. 促进人们的行为规范化　　D. 最大限度地克服人们受利益驱动

2. 在企业的经营活动中，下列选项中的（　　）不是职业道德功能的表现。

A. 激励作用　　B. 决策作用　　C. 规范行为　　D. 遵纪守法

3. 为了促进企业的规范化发展，需要发挥企业文化的（　　）功能。

A. 娱乐　　B. 主导　　C. 决策　　D. 自律

4. 职业道德通过（　　），起着增强企业凝聚力的作用。

A. 协调员工之间的关系　　B. 增加员工福利

C. 为员工创造发展空间　　D. 调节企业与社会的关系

5. 对待职业和岗位，（　　）并不是爱岗敬业所要求的。

A. 树立职业理想　　B. 干一行爱一行专一行

C. 遵守企业的规章制度　　D. 一职定终身，不改行

6. 市场经济条件下，（　　）不违反职业道德规范中关于诚实守信的要求。

A. 通过诚实合法劳动，实现利益最大化

B. 打进对手内部，增强竞争优势

C. 根据服务对象来决定是否遵守承诺

D. 凡有利于增大企业利益的行为就做

7. 下列关于勤劳节俭的论述中，正确的选项是（　　）。

A. 勤劳一定能使人致富

B. 勤劳节俭有利于企业持续发展

C. 新时代需要巧干，不需要勤劳

D. 新时代需要创造，不需要节俭

8. 如用人单位解散或破产，则用人单位可以解除劳动合同，但是应当提前（　　）日以书面形式通知劳动者本人。

A. 10　　B. 30　　C. 7　　D. 5

9. 经营者定价的基本依据是（　　）。

A. 产品的产地和规格　　B. 所提供服务的项目种类

C. 商品的包装　　D. 生产经营成本和市场供求状况

10. 根据《价格法》第三章的规定，对于重要的公益性服务价格，政府在必要时可以实行（　　）。

A. 市场价

B. 政府指导价或政府定价

C. 经营者依据生产经营成本和市场供求状况定价

D. 竞价

11. 食品生产经营人员（　　）进行健康检查。

A. 每年必须　　B. 可以每隔两年

C. 每年不用　　D. 可以每隔三至四年

12. 消费者的权利不包括（　　）。

A. 维护尊严权　　B. 求教获知权

C. 提供符合要求的商品或服务　　D. 自主选择权

13. “健康合格证”由（　　）发放。

A. 劳动保障部门　　B. 公共场所主管部门

C. 劳动者所在单位　　D. 卫生防疫机构

14. “卫生许可证”由（　　）签发。

A. 县级以上市政部门　　B. 县级以上卫生行政部门

C. 地市级的工商局　　D. 三级以上的医院

15. （　　）不属于饮料。

A. 矿泉水　　B. 白兰地　　C. 水　　D. 咖啡

16. 固态饮料和液体饮料是按照饮料的（　　）进行区分的。

A. 酒精含量　　B. 物理形态　　C. 化学性质　　D. 生产饮料

17. 酒的生产是建立在微生物的基础上的，酿酒原料中的糖在（　　）的作用下，最终转化为乙醇。

A. 乙醛　　B. 丙醛　　C. 甲醇　　D. 酶

18. 在酒的生产过程中，必须经过（　　）工艺，才能产生酒精。

A. 蒸馏　　B. 发酵　　C. 糖化　　D. 陈化

19. 酒的主要成分是（　　）和水。

A. 乙醇　　B. 甲醇　　C. 甲醛　　D. 乙醛

20. 酒的颜色（　　）。

A. 以绿、深红色为主　　B. 以红、白色为主

C. 只有白、红、黄三色　　D. 多彩缤纷，应有尽有

21. 标准状态下，乙醇的（　　）。

A. 沸点为100℃，冰点为0℃　　B. 沸点为100℃，冰点为－114℃

C. 沸点为99.3℃，冰点为0℃　　D. 沸点为78.3℃，冰点为－114℃

22. “Proof”是（　　）的表示方法。

A. 标准酒度　　B. 英制酒度　　C. 美制酒度　　D. 法制就度

23. 标准酒度和美制酒度的换算关系是（　　）。

A. 1 GL = 2 Sikes　　B. 2 GL = 1.75 Sikes

C. 1 GL = 1.75 Proof　　D. 1 GL = 2 Proof

24. 在《韦氏词典》中，关于酒的定义是这样说的：凡酒精含量在（　　）的酒精饮料都可以称为酒。

A. 45.5% ~90.5%　　B. 0.5% ~75.5%

C. 90%以上　　D. 65.5% ~85.5%

25. 发酵酒又称原汁酒或酿造酒，是在含有糖分的原料中加人酵母进行（　　）而得到的酒精饮料。

A. 提纯　　B. 蒸馏　　C. 配制　　D. 发酵

26. 黄酒的酒度一般为（　　）。

A. 5°以下　　B. 33° ~43°　　C. 30°以上　　D. 15° ~20°

27. 清酒的颜色为（　　）。

A. 无色或淡黄色　　B. 棕色或深蓝色

C. 浅绿色或红棕色　　D. 红棕色或深蓝色

28. 清酒的口味（　　）。

A. 酸度大，辣中带酸　　B. 酸度小、微苦

C. 辛辣　　D. 酸度大、辣味较明显

29. 精白米主要是制作（　　）的原料。

A. 黄酒　　B. 金酒　　C. 清酒　　D. 味美思

30. 啤酒的生产过程主要包括（　　）。

A. 制浆、用水、蒸饭等　　B. 用米、蒸饭、米曲等

C. 选麦、陈酿、发酵等　　D. 陈酿、米曲、用米等

31. 以（　　）、粳米、黏黄米为主要生产原料制作的是黄酒。

A. 大麦　　B. 小麦　　C. 糯米　　D. 大米

32. 啤酒的营养成分十分丰富，目前测定出含有 17 种（　　）。

A. 维生素　　B. 矿物质　　C. 氨基酸　　D. 蛋白质

33. 葡萄酒（　　）可以分为红葡萄酒、白葡萄酒和玫瑰红酒。

A. 按照含糖量的不同　　B. 按照酿造过程的不同

C. 按照配餐的不同　　D. 按照颜色的不同

34. 原产自（　　），目前在全世界最受欢迎的酿造白葡萄酒的是 Chardonnay 葡萄。

A. 澳大利亚　　B. 法国波尔多　　C. 法国勃艮第　　D. 德国

35. Burgundy 地区用于酿制（　　）的主要葡萄品种是 Gamay、Pinot Nior。

A. 玫瑰红酒　　B. 红葡萄酒　　C. 白葡萄酒　　D. 香槟酒

36. 传统酿造法规定香槟酒必须在（　　）进行第二次发酵。

A. 酒瓶中　B. 橡木桶中　C. 酒窖中　D. 发酵池中

37. 香槟酒中（　　）为每公升 15 ~ 20 克的属于 Extra Dry。

A. 微量元素　B. 葡萄汁浓度　C. 酒精含量　D. 含糖量

38. 酿造标有“Blanc de Blanc”的香槟酒的葡萄品种是（　　）。

A. Ducton　B. Mutly　C. Chardonnay　D. Syrah

39. （　　）是构成红葡萄酒口味结构的主要成分。

A. 单宁　B. 麦芽糖　C. 乙醛和糖分　D. 乙酚

40. 法国葡萄酒的质量等级可以分为：VDT、VDP、（　　）。

A. VDT　B. DOCG、DOC、VDP

C. VDP　D. VDQS、AOC

41. 意大利葡萄酒的质量等级可以分为：（　　）。

A. DOC、VDT、DOCG、IGT　B. DOCG、DOC、VDP

C. DOC、VDP　D. DOCG

42. 德国葡萄酒的质量等级可以分为：（　　）、QbA、QmP。

A. PINS DE CABLE、VDP、QUS、AOC

B. DIME、DOC、VDP、AOC

C. DOCG、DOC、AOC、HOME

D. Tafelwein、Landwein

43. 下列酒的品牌中，（　　）都属于威士忌。

A. John Jamson、Walker's　B. J&B、Martell

C. Chivas、Camus　D. Beefeater、Four roses

44. 苏格兰威士忌主要是由（　　）制成的。

A. 葡萄　B. 大麦　C. 小麦　D. 药材

45. 葡萄酒及发酵的葡萄汁主要是制作（　　）的原料。

A. 威士忌　B. 伏特加　C. 白酒　D. 白兰地

46. 马铃薯是主要制作（　　）的原料。

A. 味美思　B. 威士忌　C. 白兰地　D. 伏特加

47. 龙舌兰的根茎是主要制作（　　）的原料。

A. 白兰地　B. 特基拉酒　C. 麦曲酒　D. 红曲酒

48. 朗姆酒的主要原料是（　　）。

A. 大麦　B. 小麦

C. 甘蔗制糖的副产品、糖蜜和糖渣　D. 葡萄

49. （　　）是由杜松子与香料蒸馏而成。

A. 味美思　B. 金酒　C. 白兰地　D. 威士忌

50. （　　）的原材料应用特有的泥炭烘烤。

A. American Whisky　　B. Scotch Whisky

C. Irish Whisky　　D. Canadian Whisky

51. Bourbon Whisky 的口感是（　　）。

A. 清凉爽口　B. 醇厚、绵柔　C. 干涩　D. 辛辣

52. Irish Whisky 具有无泥炭的（　　）。

A. 焦香味　B. 果香味　C. 烟熏味　D. 清香味

53. Canadian Whisky 陈酿时间越长酒液越显得（　　）。

A. 干涩　B. 辛辣　C. 甜腻　D. 芳醇

54. （　　）是以纯食用酒精或蒸馏酒为基酒制成的。

A. 红曲酒　B. 麦曲酒　C. 茴香酒　D. 甜曲酒

55. 长饮鸡尾酒（　　）。

A. 可放置较长时间不变质，因而消费者可长时间饮用

B. 酒精含量较高，是一种较为猛烈的酒品

C. 非常容易变质，不可放置较长时间

D. 由于酒精含量极高，所以调制过程烦琐

56.《韦氏词典》对鸡尾酒所下的定义是：鸡尾酒是一种（　　）。

A. 量少而冰镇的酒　　B. 量极大而冰镇的酒

C. 量少而需加热的发酵酒　　D. 量大的香槟酒

57. 加味加香料包括绿色的薄荷酒、（　　）、咖啡色的咖啡蜜酒等。

A. 肉桂、汤力水、丁香　　B. 丁香、苏打水、雪碧、七喜

C. 肉桂、汤力水、七喜　　D. 蓝色的蓝橙酒、棕色的可可酒

58. 不属于调制鸡尾酒的调制原则的是（　　）。

A. 所有鸡尾酒必须严格按配方调制

B. 禁止将口味相近的酒和饮料混合调制成鸡尾酒

C. 烈性酒可以与任何味道的酒或其他饮料相搭配。

D. 口味不同的酒和饮料不适合调和成鸡尾酒

59. Bloody Mary 的装饰物是（　　）。

A. 芹菜杆　B. 红樱桃　C. 柠檬片　D. 青柠角

60. Dry Martini 的调制方法是（　　）。

A. 摇和法　B. 调和法　C. 压缩法　D. 中和法

61. Perfect Manhattan 的调制方法是（　　）。

A. 摇和法　B. 调和法　C. 冲和法　D. 压缩法

62. Kir 的装饰物是（　　）。

A. 没有装饰物　B. 红樱桃　C. 柠檬角　D. 橄榄

63. Black Russian 的装饰物是（　　）。

A. 红樱桃　B. 柠檬角　C. 柠檬片　D. 无装饰物

64. Gin Tonic 的装饰物是（　　）。

A. 红樱桃　B. 柠檬角　C. 柠檬片　D. 无装饰物

65. Rusty Nail 的装饰物是（　　）。

A. 红樱桃　B. 无装饰物　C. 橘子片　D. 柠檬皮

66. Snow Ball 的装饰物是（　　）。

A. 红樱桃　B. 无装饰物　C. 橘子片　D. 柠檬皮

67. Gibson 的装饰物是（　　）。

A. 红樱桃　B. 柠檬皮　C. 橘子片　D. 珍珠洋葱

68. 从现代酒吧企业经营的角度看，酒吧是提供（　　），以利润为目的，作有计划经营的一种经济实体。

A. 服务及饮品　B. 西式糕点及饮品

C. 中式糕点　D. 西式菜肴及饮品

69. 酒吧吧台的标准高度应为（　　）。

A. 85 ~ 95 厘米　B. 95 ~ 105 厘米

C. 80 ~ 90 厘米　D. 106 ~ 117 厘米

70. 吧台的台面宽度一般为（　　）。

A. 1.15 米　B. 1 ~ 1.5 米

C. 0.5 ~ 0.75 米　D. 0.95 米

71. 酒吧实行三级组织结构体系，即酒吧人员自上而下分为（　　）和服务员三个层次。

A. 副经理、调酒师　B. 经理、领班

C. 领班、实习生　D. 领班、调酒师

72. 在中小型饭店的酒吧中，领班又可分为服务领班和（　　）。

A. 见习领班　B. 酒吧主管

C. 实习生领班　D. 调酒领班

73. 保证饭店中所有酒吧处于正常运转的状态，是（　　）。

A. 酒吧领班的责任　B. 服务领班的义务

C. 酒吧主管的职务要求　D. 酒吧经理的主要职责

74. （　　）不是酒吧的清洁用具。

A. 拖布　B. 推尘器　C. 吸尘器　D. 混合机

75. 调酒壶是酒吧的（　　）用具之一。

A. 运输　B 储物　C. 清洁　D. 调酒

76. 调酒杯是酒吧的（　　）用具之一。

A. 运输　B. 储物　C. 清洁　D. 调酒

77. 吧匙是酒吧的（　　）用具之一。

A. 运输　　B. 储物　　C. 清洁　　D. 调酒

78. 进行酒水服务的用具包括（　　）。

A. 冰桶　　B. 搅拌器　　C. 滴净板　　D. 托盘

79. 酒吧的专用（　　）用具包括咖啡杯。

A. 结账　　B. 服务　　C. 操作　　D. 开吧

80. 根据污染食品的有害因素的性质不同，可将食品污染划分为（　　）和放射性污染。

A. 人为性污染、农药性污染　　B. 化学性污染、人为性污染

C. 生物性污染、化学性污染　　D. 生物性污染、农药性污染

81. 农药性污染属于（　　）。

A. 人为性污染　　B. 加工性污染　　C. 环境性污染　　D. 化学性污染

82. （　　）按其化学结构可分为单糖、双糖和多糖。

A. 糖类　　B. 淀粉　　C. 乳糖　　D. 蔗糖

83. （　　）的主要来源是肉类、鱼类、家禽类、奶类及其他制品，还有大豆类。

A. 无机盐　　B. 蛋白质　　C. 硒　　D. 镁、锶

84. 脂类能改善食物的风味，促进食欲，维持饱腹感，还能促进（　　）和胡萝卜素的吸收。

A. 脂溶性维生素 A、D、E、K　　B. 锶

C. 盐类　　D. 镁

85. 合理的食物烹调方法是（　　）。

A. 制作面食时，不加碱或少加碱　　B. 要用温火慢炒动物内脏食品

C. 淘米时，用力搓洗　　D. 用慢火炒菜，尽量少加水

86. 在非自然语言中，（　　）是最富有感染力的表情语言。

A. 眼神和微笑　　B. 喜怒哀乐　　C. 微笑和伤心　　D. 悲和喜

87. 通过人的动作、体态等表现出来的非自然语言是（　　）。

A. 内在语言　　B. 抽象语言　　C. 逻辑语言　　D. 体态语言

88. 下列对员工仪容仪表的叙述中（　　）是不符合饭店要求的。

A. 适时梳洗头发　　B. 佩戴名牌

C. 女员工使用鲜艳的头饰　　D. 女员工化淡妆

89. 下列关于员工着装的叙述，（　　）不符合饭店要求。

A. 穿制服上岗　　B. 制服有明显的污渍

C. 男员工穿黑皮鞋、深色袜子　　D. 保持皮鞋清洁光亮

90. （　　）忌荷花图案，认为是妖花。

A. 英国人　　B. 法国人　　C. 韩国人　　D. 日本人

91. 韩国人忌数字“（　　）”。

A. 5　　B. 1　　C. 4　　D. 13

92. 英国人忌数字“（　　）”。

A. 5　　B. 1　　C. 3 和 13　　D. 74

93. 在酒吧中，红葡萄酒通常缩写成（　　）。

A. R. W .　　B. W. H .　　C. H. W.　　D. E. G.

94. 在酒吧中，白兰地的缩写形式是（　　）。

A. Wo.　　B. By.　　C. Bek.　　D. Ne.

95. 在酒吧中，威士忌的缩写形式是（　　）。

A. Wo.　　B. Wh.　　C. Bek.　　D. Ne.

96. 在酒吧中，圣代的缩写形式是（　　）。

A. Wo.　　B. S/D　　C. Bek.　　D. Ne.

97. 酒吧中常见的冰镇饮料有（　　）、果蔬类饮料等。

A. 白葡萄酒、利口酒、啤酒　　B. 利口酒、啤酒、碳酸饮料

C. 白葡萄酒、红葡萄酒、啤酒　　D. 白葡萄酒、啤酒、碳酸饮料

98.（　　）的目的之一是以抑制饮料中微生物和细菌的生长繁殖速度，维持饮料的质量、延长保质期。

A. 清水陈列、码放管理　　B. 酒水运输管理

C. 酒水流通管理　　D. 酒水冷藏管理

99. 调酒师应（　　）检查冷藏柜的卫生，及时清除冷藏柜底部的结冰。

A. 每月　　B. 每周　　C. 隔周　　D. 每天

100. 下列工作中，（　　）不属于酒吧营业前的准备工作。

A. 准备服务用品、准备调酒辅料　　B. 布置和陈列酒水

C. 领用补充酒水、清洁卫生　　D. 盘点酒水

101. “实际发放数量”一栏需在领货时由（　　）填写清楚。

A. 库房发货人　　B. 采购员

C. 保卫部经理或餐厅主管　　D. 领货人、仓库保管员

102. 卡伦杯一般用于盛装（　　）。

A. 冰水、矿泉水　　B. 各种烈性酒加汽水等混合饮料

C. 矿泉水、听装啤酒　　D. 瓶装啤酒、雪利酒

103. 烈性杯一般用于净饮（　　）。

A. 冰水、矿泉水　　B. 各种烈性酒（白兰地除外）

C. 矿泉水、听装啤酒　　D. 瓶装啤酒、雪利酒

104. 古典杯一般用于盛装（　　）。

A. 冰水、矿泉水　　B. 加冰块的烈性酒

C. 矿泉水、听装啤酒　　D. 瓶装啤酒、雪利酒

105．扎啤杯一般用于盛装（　　）。

A. 加冰块的各种带泡沫的软饮料　　B. 生啤酒

C. 加冰块的听装啤酒　　D. 瓶装啤酒、雪利酒

106．雪利杯容量通常为（　　）毫升。

A. 76　　B. 56　　C. 90　　D. 112

107．鸡尾酒杯主要用于盛装（　　）。

A. 辣味的鸡尾酒　　B. 短饮鸡尾酒

C. 辛味的鸡尾酒　　D. 甜味的鸡尾酒

108．海波杯一般用于盛装（　　）。

A. 冰水、矿泉水　　B. 各种汽水等软饮料

C. 矿泉水、听装啤酒　　D. 瓶装啤酒、雪利酒

109．玛格丽特杯容量通常为（　　）毫升。

A. 76　　B. 140 ~ 168　　C. 190　　D. 112

110．水杯主要用于盛装（　　）。

A. 苏打水、汽水　　B. 冰水、矿泉水

C. 汽水、听装啤酒　　D. 瓶装啤酒、雪利酒

111．在服务过程中，（　　）必须用托盘搬运。

A. 只有利口酒杯，古典杯　　B. 只有水杯、古典杯

C. 只有扎啤杯、烈性杯　　D. 所有的酒杯

112．在营业前准备调酒辅料时，应重点检查（　　）的保质期和生产时间，避免使用过期产品。

A. 葡萄酒　　B. 橙汁、雪碧　　C. 利口酒　　D. 苏打水、汤利水

113．下列说法错误的是（　　）。

A. 要将用于榨取果汁的水果清洗干净

B. 不使用局部霉变的水果榨取果汁

C. 果汁饮料应在冷藏柜中低温冷藏

D. 可预先将局部霉变的水果榨出果汁备用

114．碳酸饮料包括（　　）等。

A. 啤酒、苏打水、矿泉水　　B. 苏打水、雪碧、姜汁汽水

C. 雪碧、啤酒、芹菜汁　　D. 矿泉水、苹果汁、牛奶

115．果汁类饮料包括（　　）等。

A. 七喜、苏打水、矿泉水　　B. 西瓜汁、西柚汁、菠萝汁

C. 雪碧、啤酒、芹菜汁　　D. 矿泉水、水果汁、牛奶

116．在鸡尾酒调制中，还会使用（　　）做调酒辅料。

A. 啤酒、苏打水、白兰地　　B. 盐、胡椒粉、鸡蛋、辣椒油

C. 雪碧、啤酒、芹菜汁　　D. 矿泉水、红茶、牛奶、葡萄酒

117.（　　）在鸡尾酒调制中起到调色的作用，是重要的调酒原料。

A. 利口酒　　B. 咖啡、白酒

C. 葡萄酒、白酒、白兰地　　D. 黄酒、咖啡、雪利酒

118. 使用柠檬做鸡尾酒装饰物时，多以柠檬角、（　　）为主。

A. 柠檬片和柠檬皮　　B. 柠檬果肉和柠檬干

C. 柠檬脯和柠檬果肉　　D. 柠檬干和柠檬脯

119. 所有经过加工处理的水果类装饰物的冷藏时间（　　）小时。

A. 可以是 68　　B. 可以是 15　　C. 可以是 32　　D. 可以是 44

120. 健全的酒吧商品领用程序包括清点存货、（　　）、建账入库。

A. 直接领货、发货　　B. 填写有关表单、领货、发货

C. 直接领货　　D. 采购、直接领货

121. 兑和法是将酒水（　　）。

A. 按配方中的分量，加热后，倒入杯中用力搅拌即可

B. 按配方中的分量，直接依次倒入杯中，无须搅拌（或作轻微搅拌）即可

C. 按配方中的分量，直接倒入浸在热水中的调酒壶里即可

D. 按客人的需要量，直接倒入调酒壶中用力搅拌即可

122. 调和法是将酒水（　　）。

A. 按配方中的分量，加热后，倒入杯中用力搅拌即可

B. 按配方中的分量，倒入调酒杯中，加进冰块，用吧匙搅拌均匀

C. 按配方中的分量，直接倒入浸在热水中的调酒壶里即可

D. 按客人的需要量，直接导入调酒壶中用力搅拌即可

123.（　　）不适用于兑和法制作。

A. 果汁类饮料　　B. 热饮

C. 鸡尾酒“自由古巴”　　D. 鸡尾酒“血腥玛丽”

124.（　　）最适用于调和法制作。

A. 果汁类饮料　　B. 热饮

C. 鸡尾酒“血腥玛丽”　　D. 鸡尾酒“金巴克”

125. 调制鸡尾酒的基本方法包括兑和法、（　　）。

A. 冲和法和调和法　　B. 调和法、冲和法和离合法

C. 中和法和调和法　　D. 调和法、摇和法和搅和法

126. 在用调和法调制鸡尾酒时，应（　　）。

A. 用右手握调酒杯杯口，用左手以按握毛笔的姿势握住吧匙进行搅动

B. 用左手握调酒杯杯口，用右手以按握毛笔的姿势握住吧匙进行搅动

C. 用左手握调酒杯的中间部位，用右手以按握毛笔的姿势握住吧匙进行搅动

D. 用左手握调酒杯杯底，用右手以按握毛笔的姿势握住吧匙进行搅动

127. 调制鸡尾酒时，调酒师的手只能拿酒杯的（　　）。

A. 杯身下部　　B. 整个杯身
C. 杯口或杯身上部　　D. 杯身上部或中间部分

128. 用搅和法时，一定（　　）。

A. 要放大冰块　　B. 要撒冰霜，不能放碎冰
C. 不能放碎冰　　D. 要放碎冰

129. 调制好的鸡尾酒要（　　）。

A. 立即倒入杯中
B. 加热并静置 3 分钟，再倒入杯中
C. 静置 6 分钟，再倒入杯中
D. 加热 2 分钟，在倒入杯中

130. 下列关于调制鸡尾酒时注意事项的表述错误的是（　　）。

A. 当需要少量冰块时，可直接用手拿取
B. 不得用手去接触杯边、酒水
C. 调好的鸡尾酒应迅速提供给客人
D. 量杯要浸泡在清水中

131. 为客人斟倒饮料时，应将饮料（　　）。

A. 倒满一杯　　B. 倒至杯子的 2/5 或 1/3 处
C. 倒至杯子的 3/4 处　　D. 倒至杯子的 1/4 或 1/3 处

132. 结账时，应将账单（　　）。

A. 用右手递给男客人　　B. 用双手递给客人
C. 用左手递给女客人　　D. 用双手递给女客人

133. 在给客人账单时，须将（　　）指给客人看。

A. 酒水的品牌　　B. 总金额
C. 服务员的名字　　D. 调酒师的名字

134. 当客人看不清金额时，（　　）。

A. 不得将总数读给客人听
B. 直接将账单转给别的客人看
C. 让客人自己去找调酒师核实总数
D. 可以将总数读给客人听，但不得让其他客人听见

135. 客人支付现金时，（　　）。

A. 可以拒收，并告知客人必须签单结账
B. 可以拒收，并告知客人必须用信用卡结账
C. 须在客人桌旁当面点清再拿走
D. 可以立即给客人找零钱

136. 转账支票须由（　　）填写。

A. 服务员　　B. 调酒师　　C. 收款员　　D. 客人

137. 客人用现金结账后，应将找回的零钱（　　）。

A. 留做收款员的小费

B. 留做收款员和调酒师的小费

C. 连同账单的第一联同时还给客人

D. 连同账单的第四联同时还给客人

138. 客人支付现金时，（　　）。

A. 可以向客人直接索要小费

B. 应先将现金拿到吧台，再由调酒师点清

C. 须先将现金拿回吧台由收款员或调酒师点清

D. 不可以向客人直接索要小费

139. 为客人斟倒完饮料后，应将剩余的饮料瓶或饮料放在（　　）。

A. 储物架上　　B. 冰箱上或储酒柜里

C. 酒吧的操作台上　　D. 杯子的右上方

140. 当客人与同桌的人正在热烈交谈的时候，（　　）。

A. 无须示意客人，应以最快的速度为其斟倒饮料

B. 应直接打断客人交谈，并快速为其斟倒饮料

C. 可将饮料瓶放回吧台，待客人自行取用

D. 应先示意客人，再斟倒饮料

141. "（　　）"的意思是请客人慢慢品尝。

A. Deep down a long time.　　B. Swape to here.

C. Please enjoy your drink.　　D. Look you, follow.

142. 当询问客人是否需要再添加饮料时应说"（　　）"

A. Take some drink?　　B. May I help you?

C. Drink something?　　D. Would you like some more drink?

143. "Here is your total consumption."的意思是（　　）。

A. 客人消费的总金额　　B. 客人要询问价格

C. 客人要看酒单　　D. 客人要发票

144. "Here is your bill."的意思是（　　）。

A. 请客人看账单　　B. 客人要询问价格

C. 客人要看酒单　　D. 客人要发票

145. "May I see your room key."的意思是（　　）。

A. 请客人出示房间钥匙牌　　B. 客人要询问价格

C. 客人要看酒单　　D. 客人要发票

146. 产自日本的（　　）通常翻译成中文“三得利皇冠”。

A. Qutly　B. Cool Anny　C. Suntory Royal　D. Viel

147. 产自巴西的（　　）通常翻译成中文“百家得”。

A. Kee　B. Cool Anny　C. Bacardi Rum　D. Doom

148. 产自英国的（　　）通常翻译成中文“钻石金”。

A. Kee　B. Cool Anny　C. Gilbey's Gin　D. Doom

149. 产自荷兰的（　　）通常翻译成中文“咖啡利口酒”。

A. Hine　B. Dask　C. Coffee Liqueur　D. Dunhill

150. 产自牙买加的（　　）通常翻译成中文“天万利”。

A. Hine　B. Dask　C. Tia Maria　D. Dunhill

151. 产自美国的（　　）通常翻译成中文“蓝橙酒”。

A. Kee　B. Cool Anny　C. Bluc Curacao　D. Doom

152. 产自俄罗斯的（　　）通常翻译成中文“绿牌伏特加”。

A. Kee　B. Cool Anny　C. Moskovskaya　D. Doom

153. Ice Scoop 翻译成中文“（　　）”。

A. 冰勺　B. 酒吧毛巾　C. 拖布　D. 口布

154. Fruit Squeezer 翻译成中文“（　　）”。

A. 水果挤压器　B. 酒吧毛巾　C. 拖布　D. 口布

155. Zester 翻译成中文“（　　）”。

A. 削皮刀　B. 酒吧毛巾　C. 拖布　D. 口布

156. 开瓶器的英文名称是“（　　）”。

A. Glass Machine　B. Bottle Opener

C. Glass Clothes　D. Glass Towl

157. 吸管的英文名称是“（　　）”。

A. Cylus　B. Straw　C. Gold Machine　D. Swipe

158. 装饰签的英文名称是“（　　）”。

A. Fruit Squeezer　B. Leep Machine　C. Tooth Pick　D. Gold

二、判断题（第 159 ~ 193 题。将判断结果填入括号中，正确的填“√”，错误的填“×”）

（　　）159. 职业道德不倡导人们的牟利最大化观念。

（　　）160. 企业文化对企业具有整合的功能。

（　　）161. 向企业员工灌输的职业道德太多了，容易使员工产生谨小慎微的观念。

（　　）162. 劳动者解除劳动合同应当提前 3 日以电话形式通知用人单位。

（　　）163. 临时性参加工作的食品生产经营人员无须健康检查，可以直接参加工作。

( ) 164. 一切组织和个人都可以对损害消费者合法权益的行为进行社会监督。

( ) 165. 饮料按照是否含有酒精可分为酒精饮料和软饮料。

( ) 166. Cabernet Sauvignon 葡萄是原产于阿尔萨斯地区的黑葡萄品种。

( ) 167. 勃艮第产区用于酿制红葡萄酒的主要葡萄品种有：Cabernet Sauvignon、Merlot、Cabernet Franc。

( ) 168. Couroisier、Chabot、Martell、Remy Martin 都是世界著名白兰地品牌。

( ) 169. 茴香酒是以纯食用酒精或葡萄酒为基酒制成的。

( ) 170. 鸡尾酒以清酒、啤酒、黄酒为基酒。

( ) 171. 《韦氏词典》对鸡尾酒所下的定义是：鸡尾酒是一种量极大而需加热的混配酒。

( ) 172. Cuba Libre 的载杯是海波杯。

( ) 173. 从现代酒吧企业经营的角度看，酒吧是提供服务及饮品，以利润为目的，作有计划经营的一种经济实体。

( ) 174. 在中、小型饭店的酒吧中，领班又可分为服务领班和调酒领班。

( ) 175. 保证饭店中所有酒吧处于正常运转的状态，是酒吧经理的主要职责。

( ) 176. 酒吧的制冷设备主要有冰箱、立式冷柜、制冰机、碎冰机和果汁机。

( ) 177. 调酒壶是酒吧的调酒用具之一。

( ) 178. 进行酒水服务的用具包括托盘。

( ) 179. 咖啡杯属于进行酒水服务的用具。

( ) 180. 海波杯是平底高杯。

( ) 181. 葡萄酒类载杯一般为平底高杯。

( ) 182. 饮食业餐具“四过关”是指洗、刷、冲、消毒要符合卫生要求。

( ) 183. 食品实行的“四隔离”包括成品与半成品的隔离。

( ) 184. 食物蛋白质的主要来源是肉类和蔬菜类。

( ) 185. 合理营养就是提供有利于人体健康的平衡膳食。

( ) 186. 在非自然语言中，悲和喜是最富于感染力的体态语言。

( ) 187. 公共关系人员应拓展知识面，做一个博古通今，才华横溢的人。

( ) 188. 礼貌用语具有对客人敬畏的特性。

( ) 189. 在西方人的礼节中，“小姐”一词主要是对未婚女子的称呼，在不了解女宾婚姻状况的情况下也可使用。

( ) 190. 英国人忌“2”这个数字，认为不吉利。

( ) 191. 在酒吧中，威士忌的缩写形式是 Ky. 。

( ) 192. “May I see your room key?”的意思是请客人出示房间钥匙牌。

( ) 193. 产自俄罗斯的 Alick 通常翻译成中文是“绿牌伏特加”。

各模块练习题和模拟试卷参考答案

模块 1　练习题参考答案

一、选择题

1. B　2. B.　3. A　4. A　5. C　6. B　7. D　8. A　9. D　10. A　11. D　12. B

二、判断题

1. √　2. ×　3. √　4. ×　5. √　6. √

模块 2　练习题参考答案

一、选择题

1. A　2. D　3. A　4. A　5. D　6. A　7. D　8. D　9. A　10. B　11. D　12. B　13. A
14. C　15. D　16. D

二、判断题

1. ×　2. ×　3. √　4. √　5. √　6. ×　7. √　8. √　9. √　10. √

模块 3　练习题参考答案

一、选择题

1. A　2. D　3. A　4. A　5. B　6. C　7. A　8. A　9. D　10. C　11. B　12. A

二、判断题

1. √　2. √　3. ×　4. √　5. ×　6. √　7. ×　8. √

模块 4 练习题参考答案

一、选择题

1. D 2. B 3. B 4. C 5. D 6. A 7. B 8. A 9. A

二、判断题

1. × 2. √ 3. √ 4. × 5. √

模块 5 练习题参考答案

一、选择题

1. D 2. C 3. D 4. A 5. B 6. C 7. B 8. C 9. D 10. B 11. A 12. D 13. D

二、判断题

1. × 2. × 3. √ 4. √ 5. √ 6. √ 7. √ 8. √ 9. × 10. √ 11. √ 12. √ 13. √

模块 6 练习题参考答案

一、选择题

1. D 2. D 3. A 4. B 5. D 6. B 7. A 8. B 9. D 10. A 11. C 12. A 13. D 14. C 15. B 16. C 17. C 18. B 19. B 20. C 21. C 22. B 23. D 24. C 25. B 26. C 27. C 28. C 29. C 30. B 31. B 32. A 33. B 34. B 35. C 36. D 37. B 38. C 39. B 40. B 41. D 42. C 43. D 44. D 45. A 46. C 47. D 48. B 49. D 50. A 51. B 52. B 53. D

二、判断题

1. √ 2. × 3. × 4. √ 5. × 6. × 7. × 8. × 9. × 10. √ 11. × 12. ×

模块 7 练习题参考答案

一、选择题

1. D 2. B 3. D 4. B 5. A 6. C 7. A 8. C 9. C 10. C 11. B 12. C 13. B

14. A 15. D 16. A 17. A 18. A 19. A 20. C 21. D 22. D 23. D 24. D 25. D
26. D 27. D 28. D 29. D 30. B 31. A 32. C 33. A 34. B 35. B 36. B 37. B
38. B 39. A 40. A 41. A 42. C 43. A 44. A 45. C 46. C 47. C 48. B 49. C
50. D 51. C 52. C 53. D 54. A 55. A 56. B 57. B 58. A 59. D 60. B 61. D
62. A 63. D 64. D 65. D 66. D 67. A 68. A 69. B

二、判断题

1. √ 2. × 3. √ 4. √ 5. × 6. × 7. × 8. √ 9. × 10. √ 11. × 12. ×
13. √ 14. ×

模块 8　练习题参考答案

一、选择题

1. C 2. C 3. A 4. D 5. C 6. C 7. D 8. D 9. C 10. C 11. C 12. B
13. B 14. B 15. A 16. D 17. D 18. A 19. B 20. B 21. C 22. D 23. C 24. D

二、判断题

1. √ 2. √ 3. × 4. √

模拟试卷 1 参考答案

一、选择题

1. B 2. B 3. A 4. A 5. A 6. C 7. A 8. D 9. A 10. A 11. D 12. A
13. D 14. D 15. A 16. D 17. D 18. A 19. B 20. D 21. B 22. A 23. B 24. D
25. A 26. C 27. A 28. D 29. C 30. B 31. C 32. C 33. B 34. B 35. A 36. C
37. C 38. B 39. D 40. C 41. B 42. C 43. C 44. C 45. C 46. B 47. B 48. A
49. B 50. B 51. D 52. D 53. B 54. D 55. B 56. D 57. B 58. A 59. C 60. A
61. C 62. C 63. C 64. B 65. C 66. B 67. A 68. D 69. C 70. D 71. A 72. B
73. C 74. B 75. C 76. C 77. C 78. D 79. C 80. C 81. B 82. A 83. B 84. A
85. B 86. D 87. A 88. A 89. A 90. D 91. A 92. D 93. A 94. A 95. B 96. C
97. A 98. B 99. B 100. B 101. D 102. A 103. A 104. A 105. A 106. C 107. B 108. A
109. B 110. C 111. D 112. D 113. D 114. D 115. D 116. D 117. D 118. D 119. D 120. B
121. A 122. C 123. A 124. B 125. B 126. B 127. B 128. B 129. C 130. C 131. A 132. A
133. A 134. C 135. A 136. A 137. C 138. A 139. D 140. C 141. C 142. D 143. D 144. C

145. C 146. C 147. B 148. B 149. B 150. A 151. C 152. C 153. B 154. C 155. D 156. C
157. C 158. D

二、判断题

159. √ 160. × 161. √ 162. √ 163. × 164. × 165. × 166. × 167. √
168. × 169. × 170. √ 171. √ 172. × 173. × 174. √ 175. √ 176. √
177. √ 178. × 179. × 180. √ 181. √ 182. × 183. × 184. √ 185. √
186. √ 187. √ 188. × 189. × 190. × 191. × 192. √ 193. × 194. √

模拟试卷 2 参考答案

一、选择题

1. C 2. B 3. D 4. A 5. D 6. A 7. B 8. B 9. D 10. B 11. A 12. C
13. D 14. B 15. C 16. B 17. D 18. B 19. A 20. D 21. D 22. C 23. D 24. B
25. D 26. D 27. A 28. B 29. C 30. C 31. C 32. C 33. D 34. C 35. B 36. A
37. D 38. C 39. A 40. D 41. A 42. D 43. A 44. B 45. D 46. D 47. B 48. C
49. B 50. B 51. B 52. C 53. D 54. C 55. A 56. A 57. D 58. B 59. A 60. B
61. B 62. A 63. D 64. B 65. D 66. A 67. D 68. A 69. D 70. C 71. B 72. D
73. D 74. D 75. D 76. D 77. D 78. D 79. B 80. C 81. D 82. A 83. B 84. A
85. A 86. A 87. D 88. C 89. B 90. D 91. C 92. C 93. A 94. B 95. B 96. B
97. B 98. D 99. D 100. D 101. A 102. B 103. B 104. B 105. B 106. B 107. B 108. B
109. B 110. B 111. D 112. D 113. D 114. B 115. B 116. B 117. A 118. A 119. B 120. B
121. B 122. B 123. D 124. C 125. D 126. D 127. A 128. D 129. A 130. A 131. C 132. B
133. B 134. D 135. C 136. C 137. C 138. D 139. D 140. D 141. C 142. D 143. A 144. A
145. A 146. C 147. C 148. C 149. C 150. C 151. C 152. C 153. A 154. A 155. A 156. B
157. B 158. C

二、判断题

159. × 160. √ 161. × 162. × 163. × 164. √ 165. √ 166. × 167. ×
168. √ 169. × 170. × 171. × 172. × 173. √ 174. √ 175. √ 176. ×
177. √ 178. √ 179. √ 180. √ 181. × 182. √ 183. √ 184. × 185. √
186. × 187. √ 188. × 189. √ 190. × 191. × 192. √ 193. ×

第二部分　操作技能

模块 9

考核内容结构表、鉴定要素细目表及说明

一、考核内容结构表

表 9-1　初级调酒师操作技能考核内容结构表

	鉴定范围								
鉴定要求	调酒操作				饮品操作		设备使用维护	外语应用	合　计
	用调和法调制鸡尾酒	用摇和法调制鸡尾酒	用兑和法调制鸡尾酒	自创鸡尾酒	软饮料的制作	酒精饮料的制作	设备日常维护	工作对话	
选考方式	任选 1 项				必考	必考	必考	必考	
鉴定比重（%）	55				15	15	5	10	100
考试时间（分钟）	5				2	2	5	5	19

表 9-1 中列出了初级调酒师的鉴定要求、选考方式、考试时间等内容。依据考核内容结构表，初级调酒师考核要求如下：

初级调酒师的鉴定范围包括“用调和法调制鸡尾酒”“用摇和法调制鸡尾酒”“用兑和法调制鸡尾酒”“自创鸡尾酒”“软饮料的制作”“酒精饮料的制作”“设备日常维护”和“工作对话”。其中，前 4 项考核内容可任意选择 1 项考核，其余 4 项为必考内容，它们的鉴定比重分别为 55%、15%、15%、5%、10%，考试时间分别为 5 分钟、2 分钟、2 分钟、5 分钟、5 分钟，总的考试时间为 19 分钟。

二、鉴定要素细目表

表 9－2 初级调酒师操作技能鉴定要素细目表

鉴定范围			鉴定点		重要程度
代码	一级	鉴定比重（%）	代码	名称	
A	调酒操作	55	01	用调和法调制鸡尾酒	X
			02	用摇和法调制鸡尾酒	X
			03	用兑和法调制鸡尾酒	X
B	饮品操作	15	01	软饮料的制作	X
		15	02	酒精饮料的制作	X
C	设备使用维护	5	01	设备日常维护	X
D	外语应用	10	01	工作对话	X

鉴定要素细目表是在考核内容结构表的基础上，列出了本级别具体要考核的内容。其中，“鉴定点”即具体的考核内容，每个鉴定点都有重要程度指标，即鉴定点后标注的“X”“Y”“Z”。“X”表示“核心要素”，是考核中最重要、出现频率最高的内容；“Y”表示“一般要素”，是考核中出现频率一般的内容；“Z”表示“辅助要素”，在考核中出现的频率较低。表中每个鉴定范围都有鉴定比重指标，它表示在一份试卷中该鉴定范围所占的分数比例。每个鉴定点中有若干道试题，它们有共性的考核要求、配分与评分标准，这些试题都是考生应当掌握的。在每次操作技能考核时，试卷是根据考核内容结构表的要求，在鉴定要素细目表的相关鉴定点中由计算机自动抽取或由专家人工各选取 1 道试题组成的。如：“软饮料的制作”鉴定点是初级调酒师重要的考核内容之一，该鉴定点下面共有 5 道试题，考核时根据考核内容结构表的要求，从这 5 道试题中抽取 1 道试题作为本次考核的一部分内容，该题分数占本次考核总分的 15%。

模块⑩

调酒操作

精讲① 用调和法调制鸡尾酒

一、考核要求

考生按照正确的调制方法完成鸡尾酒的制作，具体包括酒水准备、器具准备、装饰物准备和调酒操作。此项考核主要考查考生对鸡尾酒制作的熟练程度以及对规范的掌握。

二、配分与评分标准

序号	考试内容	考核要点	配分	评分标准	扣分	得分
1	酒水准备	根据配方准备相应的酒水	5	根据配方在规定时间（1 分钟）内完成，每超过 15 秒扣 1 分，扣完为止		
2	器具准备	根据配方准备相应的器具及载杯	5	根据配方在规定时间（1 分钟）内完成，每超过 15 秒扣 1 分，扣完为止		
3	装饰物准备	根据配方准备、制作相应的装饰物	5	①根据配方在规定时间（1 分钟）内完成，超过 15 秒扣 1 分；超过 30 秒扣 2 分 ②制作质量较好扣 1 分；制作质量一般扣 2 分；制作质量不合格扣 3 分		
4	调酒操作	根据配方准备、制作相应的鸡尾酒	40	①根据配方在规定时间（2 分钟）内完成，每超过 15 秒扣 2 分；扣完 10 分为止 ②制作总体印象较好扣 2 分；制作总体印象一般扣 4 分；制作总体印象不合格扣 5 分 ③颜色、口味基本正确扣 2 分；颜色、口味一般扣 4 分；颜色、口味不正确扣 5 分 ④风度较好扣 2 分；风度一般扣 4 分；风度较差扣 5 分		

（续上表）

序号	考试内容	考核要点	配分	评分标准	扣分	得分
4	调酒操作	根据配方准备、制作相应的鸡尾酒	40	⑤不使用量杯、动作不规范、加料顺序不正确、物品掉地、酒水洒落、酒量不合适、操作不卫生、台面不整洁、不使用杯垫、装饰物制作不符合要求，每项扣3分，扣完15分为止		
合计			55			
否定项： 若考生发生下列情况之一，则应及时终止考试，考生该题成绩记为零分。 ①酒水准备中出现酒水选择错误 ②器具准备中选错操作工具与载杯 ③调酒操作中出现调制方法错误 ④调酒操作中不按配方制作或严重地不按配方比例制作 ⑤鸡尾酒制作中不加冰						

三、考核酒品

（一）调制鸡尾酒干马天尼（Dry Martini）

1. 准备要求

以下物品由鉴定机构准备。

序号	名称	单位	数量	备注
1	操作台	张	1	
2	吧匙	把	1	
3	酒杯	个	1	鸡尾酒杯
4	量杯	个	1	
5	杯垫	张	1	
6	冰桶	个	1	
7	冰夹	把	1	
8	调酒壶	个	1	
9	金酒	瓶	1	考试时用1/2盎司
10	干型味美思	瓶	1	考试时用1/2盎司
11	青橄榄	粒	1	考试时作装饰用

说明：鉴定机构在实施考核时，还应准备本道试题所列配方酒品之外的若干酒品及辅料，以及其他类型的酒（载）杯、操作工具，由考生根据配方，从中选择出正确的原料及用具进行调酒操作。

2. 考核要求

（1）本题分值：55 分。

（2）考核时间：5 分钟。

（3）具体考核要求：根据标准配方用调和法调制鸡尾酒干马天尼。

（4）否定项说明：若考生发生下列情况之一，则应及时终止考试，考生该题成绩记为零分。

①酒水准备中出现酒水选择错误；

②器具准备中选错操作工具与载杯；

③调酒操作中出现调制方法错误；

④调酒操作中不按配方制作或严重地不按配方比例制作；

⑤鸡尾酒制作中不加冰。

3. 配分与评分标准

请参见鉴定点“用调和法调制鸡尾酒”的配分与评分标准。

（二）调制鸡尾酒螺丝刀（Screwdriver）

1. 准备要求

以下物品由鉴定机构准备。

序号	名称	单位	数量	备注
1	操作台	张	1	
2	吧匙	把	1	
3	酒杯	个	1	古典杯
4	量杯	个	1	
5	杯垫	张	1	
6	冰桶	个	1	
7	冰夹	把	1	
8	调酒壶	个	1	
9	吸管	根	1	
10	伏特加	瓶	1	考试时用 1 盎司
11	橙汁	瓶	1	考试时用 2/3 盎司
12	红樱桃	粒	1	考试时作装饰用

说明：鉴定机构在实施考核时，还应准备本道试题所列配方酒品之外的若干酒品及辅料，以及其他类型的酒（载）杯、操作工具，由考生根据配方，从中选择出正确的原料及用具进行调酒操作。

2. 考核要求

（1）本题分值：55 分。

（2）考核时间：5 分钟。

（3）具体考核要求：根据标准配方用调和法调制鸡尾酒螺丝刀。

（4）否定项说明：若考生发生下列情况之一，则应及时终止考试，考生该题成绩记为零分。

①酒水准备中出现酒水选择错误；

②器具准备中选错操作工具与载杯；

③调酒操作中出现调制方法错误；

④调酒操作中不按配方制作或严重地不按配方比例制作；

⑤鸡尾酒制作中不加冰。

3. 配分与评分标准

请参见鉴定点“用调和法调制鸡尾酒”的配分与评分标准。

（三）调制鸡尾酒血腥玛丽（Bloody Mary）

1. 准备要求

以下物品由鉴定机构准备。

序号	名称	单位	数量	备注
1	操作台	张	1	
2	吧匙	把	1	
3	酒杯	个	1	古典杯
4	量杯	个	1	
5	杯垫	张	1	
6	冰桶	个	1	
7	冰夹	把	1	
8	调酒壶	个	1	
9	伏特加	瓶	1	考试时用 1 盎司
10	番茄汁	听	1	考试时注满杯
11	柠檬汁	听	1	考试时用少量
12	李派林喼汁	瓶	1	考试时用 1 滴
13	辣酱油	瓶	1	考试时用 1 滴
14	芹菜盐	瓶	1	考试时用少量
15	胡椒粉	瓶	1	考试时用少量
16	芹菜杆	根	1	考试时作装饰用

说明：鉴定机构在实施考核时，还应准备本道试题所列配方酒品之外的若干酒品及辅料，以及其他类型的酒（载）杯、操作工具，由考生根据配方，从中选择出正确的原料及用具进行调酒操作。

2. 考核要求

（1）本题分值：55 分。

（2）考核时间：5 分钟。

（3）具体考核要求：根据标准配方用调和法调制鸡尾酒血腥玛丽。

（4）否定项说明：若考生发生下列情况之一，则应及时终止考试，考生该题成绩记为零分。

①酒水准备中出现酒水选择错误；

②器具准备中选错操作工具与载杯；

③调酒操作中出现调制方法错误；

④调酒操作中不按配方制作或严重地不按配方比例制作；

⑤鸡尾酒制作中不加冰。

3. 配分与评分标准

请参见鉴定点“用调和法调制鸡尾酒”的配分与评分标准。

（四）调制鸡尾酒干曼哈顿（Dry Manhattan）

1. 准备要求

以下物品由鉴定机构准备。

序号	名称	单位	数量	备注
1	操作台	张	1	
2	吧匙	把	1	
3	酒杯	个	1	古典杯
4	量杯	个	1	
5	杯垫	张	1	
6	冰桶	个	1	
7	冰夹	把	1	
8	调酒壶	个	1	
9	青橄榄	粒	1	考试时作装饰用
10	威士忌	瓶	1	考试时用 2/3 盎司
11	干型味美思	瓶	1	考试时用 1/2 盎司
12	苦酒	瓶	1	考试时用 1 滴

说明：鉴定机构在实施考核时，还应准备本道试题所列配方酒品之外的若干酒品及辅料，以及其他类型的酒（载）杯、操作工具，由考生根据配方，从中选择出正确的原料及用具进行调酒操作。

2. 考核要求

（1）本题分值：55 分。

（2）考核时间：5 分钟。

（3）具体考核要求：根据标准配方用调和法调制鸡尾酒干曼哈顿。

（4）否定项说明：若考生发生下列情况之一，则应及时终止考试，考生该题成绩记为零分。

①酒水准备中出现酒水选择错误；

②器具准备中选错操作工具与载杯；

③调酒操作中出现调制方法错误；

④调酒操作中不按配方制作或严重地不按配方比例制作；

⑤鸡尾酒制作中不加冰。

3. 配分与评分标准

请参见鉴定点“用调和法调制鸡尾酒”的配分与评分标准。

（五）调制鸡尾酒完美曼哈顿（Perfect Manhattan）

1. 准备要求

以下物品由鉴定机构准备。

序号	名称	单位	数量	备注
1	操作台	张	1	
2	吧匙	把	1	
3	酒杯	个	1	鸡尾酒杯
4	量杯	个	1	
5	杯垫	张	1	
6	冰桶	个	1	
7	冰夹	把	1	
8	调酒壶	个	1	
9	吧刀	把	1	
10	威士忌	瓶	1	考试时用 1 盎司
11	干型味美思	瓶	1	考试时用 2/3 盎司
12	甜型味美思	瓶	1	考试时用 2/3 盎司
13	柠檬	个	1	考试时用于取皮作装饰

说明：鉴定机构在实施考核时，还应准备本道试题所列配方酒品之外的若干酒品及辅料，以及其他类型的酒（载）杯、操作工具，由考生根据配方，从中选择出正确的原料及用具进行调酒操作。

2. 考核要求

（1）本题分值：55 分。

（2）考核时间：5 分钟。

（3）具体考核要求：根据标准配方用调和法调制鸡尾酒完美曼哈顿。

（4）否定项说明：若考生发生下列情况之一，则应及时终止考试，考生该题成绩记为零分。

①酒水准备中出现酒水选择错误；
②器具准备中选错操作工具与载杯；
③调酒操作中出现调制方法错误；
④调酒操作中不按配方制作或严重地不按配方比例制作；
⑤鸡尾酒制作中不加冰。

3. 配分与评分标准

请参见鉴定点“用调和法调制鸡尾酒”的配分与评分标准。

精讲 2 用摇和法调制鸡尾酒

一、考核要求

考生按照正确的调制方法完成鸡尾酒的制作，具体包括酒水准备、器具准备、装饰物准备和调酒操作。此项考核主要考查考生对鸡尾酒制作的熟练程度以及对规范的掌握。

二、配分与评分标准

序号	考试内容	考核要点	配分	评分标准	扣分	得分
1	酒水准备	根据配方准备相应的酒水	5	根据配方在规定时间（1 分钟）内完成，每超过 15 秒扣 1 分，扣完为止		
2	器具准备	根据配方准备相应的器具及载杯	5	根据配方在规定时间（1 分钟）内完成，每超过 15 秒扣 1 分，扣完为止		
3	装饰物准备	根据配方准备、制作相应的装饰物	5	①根据配方在规定时间（1 分钟）内完成，每超过 15 秒扣 1 分；超过 30 秒扣 2 分 ②制作质量较好扣 1 分；制作质量一般扣 2 分；制作质量不合格扣 3 分		
4	调酒操作	根据配方准备、制作相应的鸡尾酒	40	①根据配方在规定时间（2 分钟）内完成，每超过 15 秒扣 2 分；扣完 10 分为止 ②制作总体印象较好扣 2 分；制作总体印象一般扣 4 分；制作总体印象不合格扣 5 分 ③颜色、口味基本正确扣 2 分；颜色、口味一般扣 4 分；颜色、口味不正确扣 5 分 ④风度较好扣 2 分；风度一般扣 4 分；风度较差扣 5 分		

（续上表）

序号	考试内容	考核要点	配分	评分标准	扣分	得分
4	调酒操作	根据配方准备、制作相应的鸡尾酒	40	⑤不使用量杯、动作不规范、加料顺序不正确、物品掉地、酒水洒落、酒量不合适、操作不卫生、台面不整洁、不使用杯垫、装饰物制作不符合要求，每项扣 3 分，扣完 15 分为止		
合计			55			
否定项： 若考生发生下列情况之一，则应及时终止考试，考生该题成绩记为零分。 ①酒水准备中出现酒水选择错误 ②器具准备中选错操作工具与载杯 ③调酒操作中出现调制方法错误 ④调酒操作中不按配方制作或严重地不按配方比例制作 ⑤鸡尾酒制作中不加冰						

三、调制鸡尾酒得其利（Daiquiri）

（一）准备要求

以下物品由鉴定机构准备。

序号	名称	单位	数量	备注
1	操作台	张	1	
2	吧匙	把	1	
3	酒杯	个	1	鸡尾酒杯
4	量杯	个	1	
5	杯垫	张	1	
6	冰桶	个	1	
7	冰夹	把	1	
8	调酒壶	个	1	
9	白朗姆酒	瓶	1	考试时用 1 盎司
10	柠檬汁	瓶	1	考试时用 2/3 盎司
11	糖	瓶	1	考试时作糖边

说明：鉴定机构在实施考核时，还应准备本道试题所列配方酒品之外的若干酒品及辅料，以及其他类型的酒（载）杯、操作工具，由考生根据配方，从中选择出正确的原料及用具进行调酒操作。

（二）考核要求

（1）本题分值：55 分。

（2）考核时间：5 分钟。

（3）具体考核要求：根据标准配方用摇和法调制鸡尾酒得其利。

（4）否定项说明：若考生发生下列情况之一，则应及时终止考试，考生该题成绩记为零分。

①酒水准备中出现酒水选择错误；

②器具准备中选错操作工具与载杯；

③调酒操作中出现调制方法错误；

④调酒操作中不按配方制作或严重地不按配方比例制作；

⑤鸡尾酒制作中不加冰。

（三）配分与评分标准

请参见鉴定点“用摇和法调制鸡尾酒”的配分与评分标准。

精讲 3 用兑和法调制鸡尾酒

一、考核要求

考生按照正确的调制方法完成鸡尾酒的制作，具体包括酒水准备、器具准备、装饰物准备和调酒操作。此项考核主要考查考生对鸡尾酒制作的熟练程度以及对规范的掌握。

二、配分与评分标准

序号	考试内容	考核要点	配分	评分标准	扣分	得分
1	酒水准备	根据配方准备相应的酒水	5	根据配方在规定时间（1 分钟）内完成，每超过 15 秒扣 1 分，扣完为止		
2	器具准备	根据配方准备相应的器具及载杯	5	根据配方在规定时间（1 分钟）内完成，每超过 15 秒扣 1 分，扣完为止		
3	装饰物准备	根据配方准备、制作相应的装饰物	5	①根据配方在规定时间（1 分钟）内完成，每超过 15 秒扣 1 分；超过 30 秒扣 2 分 ②制作质量较好扣 1 分；制作质量一般扣 2 分；制作质量不合格扣 3 分		

（续上表）

序号	考试内容	考核要点	配分	评分标准	扣分	得分
4	调酒操作	根据配方准备、制作相应的鸡尾酒	40	①根据配方在规定时间（2 分钟）内完成，每超过 15 秒扣 2 分；扣完 10 分为止 ②制作总体印象较好扣 2 分；制作总体印象一般扣 4 分；制作总体印象不合格扣 5 分 ③颜色、口味基本正确扣 2 分；颜色、口味一般扣 4 分；颜色、口味不正确扣 5 分 ④风度较好扣 2 分；风度一般扣 4 分；风度较差扣 5 分 ⑤不使用量杯、动作不规范、加料顺序不正确、物品掉地、酒水洒落、酒量不合适、操作不卫生、台面不整洁、不使用杯垫、装饰物制作不符合要求，每项扣 3 分，扣完 15 分为止		
合计			55			

否定项：
若考生发生下列情况之一，则应及时终止考试，考生该题成绩记为零分。
①酒水准备中出现酒水选择错误
②器具准备中选错操作工具与载杯
③调酒操作中出现调制方法错误
④调酒操作中不按配方制作或严重地不按配方比例制作
⑤鸡尾酒制作中不加冰

三、考核酒品

（一）调制鸡尾酒莫斯科之骡（Moscow Mule）

1. 准备要求

以下物品由鉴定机构准备。

序号	名称	单位	数量	备注
1	操作台	张	1	
2	吧匙	把	1	
3	酒杯	个	1	卡伦杯

（续上表）

序号	名称	单位	数量	备注
4	量杯	个	1	
5	杯垫	张	1	
6	吧刀	把	1	
7	伏特加	瓶	1	考试时用 1 盎司
8	姜汁汽水	听	1	考试时用适量
9	柠檬	个	1	考试时作旋皮用于装饰

说明：鉴定机构在实施考核时，还应准备本道试题所列配方酒品之外的若干酒品及辅料，以及其他类型的酒（载）杯、操作工具，由考生根据配方，从中选择出正确的原料及用具进行调酒操作。

2. 考核要求

（1）本题分值：55 分。

（2）考核时间：5 分钟。

（3）具体考核要求：根据标准配方用兑和法调制鸡尾酒莫斯科之骡。

（4）否定项说明：若考生发生下列情况之一，则应及时终止考试，考生该题成绩记为零分。

①酒水准备中出现酒水选择错误；

②器具准备中选错操作工具与载杯；

③调酒操作中出现调制方法错误；

④调酒操作中不按配方制作或严重地不按配方比例制作；

⑤鸡尾酒制作中不加冰。

3. 配分与评分标准

请参见鉴定点“用兑和法调制鸡尾酒”的配分与评分标准。

（二）调制鸡尾酒古巴自由（Cuba Libre）

1. 准备要求

以下物品由鉴定机构准备。

序号	名称	单位	数量	备注
1	操作台	张	1	
2	吧匙	把	1	
3	酒杯	个	1	卡伦杯
4	量杯	个	1	

（续上表）

序号	名称	单位	数量	备注
5	杯垫	张	1	
6	冰桶	个	1	
7	冰夹	把	1	
8	吧刀	把	1	
9	白朗姆酒	瓶	1	考试时用 1 盎司
10	可乐	听	1	考试时用适量
11	青柠檬	个	1	考试时切角用于装饰
12	柠檬	个	1	考试时用于榨汁

说明：鉴定机构在实施考核时，还应准备本道试题所列配方酒品之外的若干酒品及辅料，以及其他类型的酒（载）杯、操作工具，由考生根据配方，从中选择出正确的原料及用具进行调酒操作。

2. 考核要求

（1）本题分值：55 分。

（2）考核时间：5 分钟。

（3）具体考核要求：根据标准配方用兑和法调制鸡尾酒古巴自由。

（4）否定项说明：若考生发生下列情况之一，则应及时终止考试，考生该题成绩记为零分。

①酒水准备中出现酒水选择错误；

②器具准备中选错操作工具与载杯；

③调酒操作中出现调制方法错误；

④调酒操作中不按配方制作或严重地不按配方比例制作；

⑤鸡尾酒制作中不加冰。

3. 配分与评分标准

请参见鉴定点“用兑和法调制鸡尾酒”的配分与评分标准。

（三）调制鸡尾酒威士忌苏打（Whisky Soda）

1. 准备要求

以下物品由鉴定机构准备。

序号	名称	单位	数量	备注
1	操作台	张	1	
2	吧匙	把	1	

（续上表）

序号	名称	单位	数量	备注
3	酒杯	个	1	古典杯
4	量杯	个	1	
5	杯垫	张	1	
6	威士忌	瓶	1	考试时用1盎司
7	苏打水	听	1	考试时用适量

说明：鉴定机构在实施考核时，还应准备本道试题所列配方酒品之外的若干酒品及辅料，以及其他类型的酒（载）杯、操作工具，由考生根据配方，从中选择出正确的原料及用具进行调酒操作。

2. 考核要求

（1）本题分值：55分。

（2）考核时间：5分钟。

（3）具体考核要求：根据标准配方用兑和法调制鸡尾酒威士忌苏打。

（4）否定项说明：若考生发生下列情况之一，则应及时终止考试，考生该题成绩记为零分。

①酒水准备中出现酒水选择错误；

②器具准备中选错操作工具与载杯；

③调酒操作中出现调制方法错误；

④调酒操作中不按配方制作或严重地不按配方比例制作；

⑤鸡尾酒制作中不加冰。

3. 配分与评分标准

请参见鉴定点“用兑和法调制鸡尾酒”的配分与评分标准。

（四）调制鸡尾酒金巴克（Gin Buck）

1. 准备要求

以下物品由鉴定机构准备。

序号	名称	单位	数量	备注
1	操作台	张	1	
2	吧匙	把	1	
3	酒杯	个	1	卡伦杯
4	量杯	个	1	
5	杯垫	张	1	

（续上表）

序号	名称	单位	数量	备注
6	冰桶	个	1	
7	冰夹	把	1	
8	吸管	根	1	
9	吧刀	把	1	
10	金酒	瓶	1	考试时用 1 盎司
11	姜汁汽水	听	1	考试时用适量
12	青柠檬	个	1	考试时切角用于装饰

说明：鉴定机构在实施考核时，还应准备本道试题所列配方酒品之外的若干酒品及辅料，以及其他类型的酒（载）杯、操作工具，由考生根据配方，从中选择出正确的原料及用具进行调酒操作。

2. 考核要求

（1）本题分值：55 分。

（2）考核时间：5 分钟。

（3）具体考核要求：根据标准配方用兑和法调制鸡尾酒金巴克。

（4）否定项说明：若考生发生下列情况之一，则应及时终止考试，考生该题成绩记为零分。

①酒水准备中出现酒水选择错误；

②器具准备中选错操作工具与载杯；

③调酒操作中出现调制方法错误；

④调酒操作中不按配方制作或严重地不按配方比例制作；

⑤鸡尾酒制作中不加冰。

3. 配分与评分标准

请参见鉴定点“用兑和法调制鸡尾酒”的配分与评分标准。

（五）调制鸡尾酒基尔（Kir）

1. 准备要求

以下物品由鉴定机构准备。

序号	名称	单位	数量	备注
1	操作台	张	1	
2	吧匙	把	1	
3	酒杯	个	1	酸酒杯

（续上表）

序号	名称	单位	数量	备注
4	量杯	个	1	
5	杯垫	张	1	
6	冰桶	个	1	
7	冰夹	把	1	
8	黑加仑酒	瓶	1	考试时用 1 盎司
9	白葡萄酒	瓶	1	考试时用适量

说明：鉴定机构在实施考核时，还应准备本道试题所列配方酒品之外的若干酒品及辅料，以及其他类型的酒（载）杯、操作工具，由考生根据配方，从中选择出正确的原料及用具进行调酒操作。

2. 考核要求

（1）本题分值：55 分。

（2）考核时间：5 分钟。

（3）具体考核要求：根据标准配方用兑和法调制鸡尾酒基尔。

（4）否定项说明：若考生发生下列情况之一，则应及时终止考试，考生该题成绩记为零分。

①酒水准备中出现酒水选择错误；

②器具准备中选错操作工具与载杯；

③调酒操作中出现调制方法错误；

④调酒操作中不按配方制作或严重地不按配方比例制作；

⑤鸡尾酒制作中不加冰。

3. 配分与评分标准

请参见鉴定点“用兑和法调制鸡尾酒”的配分与评分标准。

模块 11

饮品操作

精讲 1 软饮料的制作

一、考核要求

考生按照正确的调制方法完成软饮料的制作，具体包括准备、出品和操作。此项考核主要考查考生对软饮料制作的熟练程度以及规范的掌握。

二、配分与评分标准

序号	考试内容	考核要点	配分	评分标准	扣分	得分
1	准备	根据配方准备相应的原料、器具及载杯	5	根据配方在规定时间（1 分钟）内完成，每超过 15 秒扣 1 分，扣完为止		
2	出品	根据配方制作相应的饮品	5	①根据配方在规定时间（1 分钟）内完成，每超过 15 秒扣 2 分 ②制作质量一般扣 2 分；制作质量不合格扣 3 分		
3	操作	根据要求进行操作	5	①制作总体印象一般扣 1 分；制作总体印象不合格扣 2 分 ②风度一般扣 1 分；风度较差扣 2 分 ③制作过程中操作违规按情节轻重扣 1 分或不扣分		
合计			15			
否定项： 若考生发生下列情况之一，则应及时终止考试，考生该题成绩记为零分。 ①器具准备中选错操作工具与载杯 ②出现制作方法错误						

三、考核软饮料

（一）可乐（Cola）出品

1. 准备要求

以下物品由鉴定机构准备。

序号	名称	单位	数量	备注
1	操作台	张	1	
2	平底杯	个	1	
3	杯垫	张	1	
4	冰桶	个	1	
5	冰夹	把	1	
6	可乐	听	1	
7	柠檬	个	1	考试时切片使用
8	吸管	根	1	

说明：鉴定机构在实施考核时，还应准备本道试题所列配方原料之外的若干原料及辅料，以及其他类型的载杯、操作工具，由考生根据配方，从中选择出正确的原料及用具进行操作。

2. 考核要求

（1）本题分值：15 分。

（2）考核时间：2 分钟。

（3）具体考核要求：根据规范程序进行可乐的出品操作。

（4）否定项说明：若考生发生下列情况之一，则应及时终止考试，考生该题成绩记为零分。

①器具准备中选错操作工具与载杯；

②出现制作方法错误。

3. 配分与评分标准

请参见鉴定点“软饮料的制作”的配分与评分标准。

（二）咖啡（Coffee）出品

1. 准备要求

以下物品由鉴定机构准备。

序号	名称	单位	数量	备注
1	操作台	张	1	
2	咖啡杯	个	1	
3	糖	包	1	
4	奶	瓶	1	考试时用适量
5	咖啡	瓶	1	考试时用适量

说明：鉴定机构在实施考核时，还应准备本道试题所列配方原料之外的若干原料及辅料，以及其他类型的载杯、操作工具，由考生根据配方，从中选择出正确的原料及用具进行操作。

2. 考核要求

（1）本题分值：15 分。

（2）考核时间：2 分钟。

（3）具体考核要求：根据规范程序进行咖啡的出品操作。

（4）否定项说明：若考生发生下列情况之一，则应及时终止考试，考生该题成绩记为零分。

①器具准备中选错操作工具与载杯；

②出现制作方法错误。

3. 配分与评分标准

请参见鉴定点“软饮料的制作”的配分与评分标准。

（三）冰柠檬茶（Ice Lemon Tea）出品

1. 准备要求

以下物品由鉴定机构准备。

序号	名称	单位	数量	备注
1	操作台	张	1	
2	果汁杯	个	1	
3	杯垫	张	1	
4	冰桶	个	1	
5	冰夹	把	1	
6	冷红茶	杯	1	
7	糖浆	瓶	1	考试时用适量
8	柠檬	个	1	考试时切片使用

说明：鉴定机构在实施考核时，还应准备本道试题所列配方原料之外的若干原料及辅料，以及其他类型的载杯、操作工具，由考生根据配方，从中选择出正确的原料及用具进行操作。

2. 考核要求

（1）本题分值：15 分。

（2）考核时间：2 分钟。

（3）具体考核要求：根据规范程序进行冰柠檬茶的出品操作。

（4）否定项说明：若考生发生下列情况之一，则应及时终止考试，考生该题成绩记为零分。

①器具准备中选错操作工具与载杯；

②出现制作方法错误。

3. 配分与评分标准

请参见鉴定点“软饮料的制作”的配分与评分标准。

（四）热红茶（Hot Black Tea）出品

1. 准备要求

以下物品由鉴定机构准备。

序号	名称	单位	数量	备注
1	操作台	张	1	
2	红茶杯	个	1	
3	茶勺	把	1	
4	糖	包	1	考试时用适量
5	热牛奶	杯	1	考试时用适量
6	红茶	杯	1	

说明：鉴定机构在实施考核时，还应准备本道试题所列配方原料之外的若干原料及辅料，以及其他类型的载杯、操作工具，由考生根据配方，从中选择出正确的原料及用具进行操作。

2. 考核要求

（1）本题分值：15 分。

（2）考核时间：2 分钟。

（3）具体考核要求：根据规范程序进行热红茶的出品操作。

（4）否定项说明：若考生发生下列情况之一，则应及时终止考试，考生该题成绩记为零分。

①器具准备中选错操作工具与载杯；

②出现制作方法错误。

3. 配分与评分标准

请参见鉴定点“软饮料的制作”的配分与评分标准。

（五）水果汁（Juice）出品

1. 准备要求

以下物品由鉴定机构准备。

序号	名称	单位	数量	备注
1	操作台	张	1	
2	果汁杯	个	1	
3	杯垫	张	1	
4	冰桶	个	1	
5	冰夹	把	1	
6	鲜果汁（任意品种）	瓶	1	考试时用适量

说明：鉴定机构在实施考核时，还应准备本道试题所列配方原料之外的若干原料及辅料，以及其他类型的载杯、操作工具，由考生根据配方，从中选择出正确的原料及用具进行操作。

2. 考核要求

（1）本题分值：15 分。

（2）考核时间：2 分钟。

（3）具体考核要求：根据规范程序进行水果汁的出品操作。

（4）否定项说明：若考生发生下列情况之一，则应及时终止考试，考生该题成绩记为零分。

①器具准备中选错操作工具与载杯；

②出现制作方法错误。

3. 配分与评分标准

请参见鉴定点“软饮料的制作”的配分与评分标准。

精讲 2 酒精饮料的制作

一、考核要求

考生按照正确的调制方法完成酒精饮料的制作，具体包括准备、出品和操作。此项考核主要考查考生对酒精饮料制作的熟练程度以及规范的掌握。

二、配分与评分标准

序号	考核内容	考核要点	配分	评分标准	扣分	得分
1	准备	根据配方准备相应的原料、器具及载杯	5	根据配方在规定时间（1 分钟）内完成，每超过 15 秒扣 2 分，扣完为止		
2	出品	根据配方制作相应的饮品	5	①根据配方在规定时间（1 分钟）内完成，每超过 15 秒扣 2 分 ②制作质量一般扣 2 分；制作质量不合格扣 3 分		
3	操作	根据要求进行操作	5	①制作总体印象一般扣 1 分；制作总体印象不合格扣 2 分 ②风度一般扣 1 分；风度较差扣 2 分 ③制作过程中操作违规按情节轻重扣 1 分或不扣分（如长饮鸡尾酒中忘加吸管扣 1 分）		
合计			15			
否定项： 若考生发生下列情况之一，则应及时终止考试，考生该题成绩记为零分。 ①器具准备中选错操作工具与载杯； ②出现制作方法错误						

三、考核酒精饮料

（一）生啤酒或扎啤（Beer）出品

1. 准备要求

以下物品由鉴定机构准备。

序号	名称	单位	数量	备注
1	操作台	张	1	
2	酒杯	个	1	扎啤杯
3	杯垫	张	1	
4	生啤酒	瓶	1	考试时用适量

说明：鉴定机构在实施考核时，还应准备本道试题所列配方原料之外的若干原料及辅料，以及其他类型的载杯、操作工具，由考生根据配方，从中选择出正确的原料及用具进行操作。

2. 考核要求

（1）本题分值：15 分。

（2）考核时间：2 分钟。

（3）具体考核要求：根据规范程序进行生啤酒或扎啤的出品操作。

（4）否定项说明：若考生发生下列情况之一，则应及时终止考试，考生该题成绩记为零分。

①器具准备中选错操作工具与载杯；

②出现制作方法错误。

3. 配分与评分标准

请参见鉴定点“酒精饮料的制作”的配分与评分标准。

（二）威士忌（Whisky）出品

1. 准备要求

以下物品由鉴定机构准备。

序号	名称	单位	数量	备注
1	操作台	张	1	
2	酒杯	个	1	古典杯
3	威士忌	瓶	1	考试时用适量

说明：鉴定机构在实施考核时，还应准备本道试题所列配方原料之外的若干原料及辅料，以及其他类型的载杯、操作工具，由考生根据配方，从中选择出正确的原料及用具进行操作。

2. 考核要求

（1）本题分值：15 分。

（2）考核时间：2 分钟。

（3）具体考核要求：根据规范程序进行威士忌的出品操作。

（4）否定项说明：若考生发生下列情况之一，则应及时终止考试，考生该题成绩记为零分。

①器具准备中选错操作工具与载杯；

②出现制作方法错误。

3. 配分与评分标准

请参见鉴定点“酒精饮料的制作”的配分与评分标准。

（三）瓶装啤酒（Bottle Beer）出品

1. 准备要求

以下物品由鉴定机构准备。

序号	名称	单位	数量	备注
1	操作台	张	1	
2	酒杯	个	1	啤酒杯
3	杯垫	张	1	
4	开瓶器	个	1	
5	瓶装啤酒	瓶	1	

说明：鉴定机构在实施考核时，还应准备本道试题所列配方原料之外的若干原料及辅料，以及其他类型的载杯、操作工具，由考生根据配方，从中选择出正确的原料及用具进行操作。

2. 考核要求

（1）本题分值：15 分。

（2）考核时间：2 分钟。

（3）具体考核要求：根据规范程序进行瓶装啤酒的出品操作。

（4）否定项说明：若考生发生下列情况之一，则应及时终止考试，考生该题成绩记为零分。

①器具准备中选错操作工具与载杯；

②出现制作方法错误。

3. 配分与评分标准

请参见鉴定点“酒精饮料的制作”的配分与评分标准。

（四）白兰地（Brandy）出品

1. 准备要求

以下物品由鉴定机构准备。

序号	名称	单位	数量	备注
1	操作台	张	1	
2	酒杯	个	1	白兰地杯
3	吧匙	把	1	
4	白兰地	瓶	1	考试时用适量

说明：鉴定机构在实施考核时，还应准备本道试题所列配方原料之外的若干原料及辅料，以及其他类型的载杯、操作工具，由考生根据配方，从中选择出正确的原料及用具进行操作。

2. 考核要求

（1）本题分值：15 分。

（2）考核时间：2 分钟。

（3）具体考核要求：根据规范程序进行白兰地的出品操作。

（4）否定项说明：若考生发生下列情况之一，则应及时终止考试，考生该题成绩记为零分。

①器具准备中选错操作工具与载杯；

②出现制作方法错误。

3. 配分与评分标准

请参见鉴定点“酒精饮料的制作”的配分与评分标准。

（五）特基拉酒（Tequila）出品

1. 准备要求

以下物品由鉴定机构准备。

序号	名称	单位	数量	备注
1	操作台	张	1	
2	酒杯	个	1	古典杯
3	杯垫	张	1	
4	冰桶	个	1	
5	冰夹	把	1	
6	特基拉酒	瓶	1	考试时用适量

说明：鉴定机构在实施考核时，还应准备本道试题所列配方原料之外的若干原料及辅料，以及其他类型的载杯、操作工具，由考生根据配方，从中选择出正确的原料及用具进行操作。

2. 考核要求

（1）本题分值：15 分。

（2）考核时间：2 分钟。

（3）具体考核要求：根据规范程序进行特基拉酒的出品操作。

（4）否定项说明：若考生发生下列情况之一，则应及时终止考试，考生该题成绩记为零分。

①器具准备中选错操作工具与载杯；

②出现制作方法错误。

3. 配分与评分标准

请参见鉴定点“酒精饮料的制作”的配分与评分标准。

模块12

设备使用维护

一、设备日常维护考核要求

要求考生回答关于设备维护的问题。

二、配分与评分标准

序号	考试内容	考核要点	配分	评分标准	扣分	得分
1	设备使用维护	正确回答有关设备使用的问题	2.5	每答错1处扣0.5分，扣完为止		
		正确回答有关设备维护的问题	2.5	每答错1处扣0.5分，扣完为止		
合计			5			

三、场地准备

序号	名称	单位	数量
1	办公桌	张	1
2	办公椅	把	2
3	测试场地	处	1

四、考核要求

（1）本题分值：5分。

（2）考核时间：5分钟。

（3）具体考核要求：正确回答有关设备使用维护的问题。

（4）问题示例：

①酒吧的调酒工具有几大类?

②酒吧的电器设备有哪些?

③酒吧的服务用具有哪些？
④酒吧的冷藏设备有哪些？
⑤酒吧的制冰机怎样使用？

五、配分与评分标准

请参见鉴定点“设备使用维护”的配分与评分标准。

模块13

外语应用

一、工作对话考核要求

要求考生口头回答有关英语问题。

二、配分与评分标准

序号	考试内容	考核要点	配分	评分标准	扣分	得分
1	外语应用	正确翻译酒吧用具英文名称	5	每答错 1 处扣 0.5 分，扣完为止		
		正确翻译酒吧术语	5	每答错 1 处扣 0.5 分，扣完为止		
合计			10			

三、场地准备

序号	名称	单位	数量
1	办公桌	张	1
2	办公椅	把	2
3	测试场地	处	1
4	答题卡	套	1

四、考核要求

（1）本题分值：10 分。
（2）考核时间：5 分钟。
（3）具体考核要求：正确翻译有关词语。

（4）问题示例：

①请将下列英文单词翻译成中文：Bartender、Ashtray、Ice Pick、Bitter Lemon、Bottle Opener。

②请将下列中文单词翻译成英文：水果杯、水扎、冰夹、饮料、樱桃白兰地。

五、配分与评分标准

请参见鉴定点“外语应用”的配分与评分标准。

模块⑭

初级调酒师考核说明

一、组卷方式

职业技能鉴定国家题库一般有以下三种组卷方式：

（一）计算机自动组卷

即计算机根据初级调酒师操作技能考核内容结构表、操作技能鉴定要素细目表要求，按国家题库组卷模型，自动选取鉴定范围和鉴定点，并抽取试题进行组合，形成试卷。

（二）人工干预计算机组卷

即根据初级调酒师操作技能考核内容结构表、操作技能鉴定要素细目表要求，结合本次考核的实际情况，由人工选定鉴定范围、鉴定点和试题，并由计算机按国家题库组卷模型进行组合，形成试卷。

（三）特殊要求组卷

如试题库中没有满足本次鉴定要求的试题，可由专家根据操作技能考核内容结构表和操作技能鉴定要素细目表要求，按照鉴定点下的统一要求命制新试题，组成试卷。

初级调酒师考核主要采用计算机自动组卷的方式。

二、试卷结构

职业技能鉴定国家题库操作技能试卷一般由以下三部分内容构成：

（一）操作技能考核准备通知单

正文内容为试题中的准备要求，包括鉴定机构准备要求和考生准备要求两部分内容。

（二）操作技能考核试卷正文

正文内容为试题中的考核要求，包括相应的试题分值、考核时间、操作要求、技术标准、图表、图样或文字说明等。

（三）操作技能考核评分记录表

正文内容为评分记录表，即配分与评分标准，包括各项考核内容、考核要点、配分、评分标准或评分办法、否定项及说明、加权汇总方法等。必要时包括总分表，即记录考生本次操作技能考试所有试题成绩的汇总表。

初级调酒师操作技能考核模拟试卷

考生姓名：__________ 准考证号：____________ 工作单位：____________

一、试卷说明

（1）本试卷命题以可行性、技术性、通用性为原则编制。

（2）本试卷所考核内容无地域限制。

（3）本试卷各项技能考试时间均不包括准备时间。在具体考试中，各鉴定所应把每一试题准备时间考虑进去。

（4）每一试题均须在考试规定时间完成，不得延时；在某一试题考试中节余时间不能在另一试题考试中使用。

二、试题

试题1：调制鸡尾酒干马天尼

考核要求：

（1）本题分值：55分。

（2）考核时间：5分钟。

（3）具体考核要求：根据标准配方用调和法调制鸡尾酒干马天尼。

（4）否定项说明：若考生发生下列情况之一，则应及时终止考试，考生该题成绩记为零分。

①酒水准备中出现选择酒水错误；

②器具准备中出现选错操作工具、载杯；

③调酒操作中出现调制方法错误；

④调酒操作中不按配方制作或出现严重的不按配方比例制作；

⑤鸡尾酒制作中不加冰。

序号	考试内容	考核要点	配分	评分标准	扣分	得分
1	酒水准备	根据配方准备相应的酒水	5	根据配方在规定时间（1 分钟）内完成，每超过 15 秒扣 1 分，扣完为止		
2	器具准备	根据配方准备相应的器具及载杯	5	根据配方在规定时间（1 分钟）内完成，每超过 15 秒扣 1 分，扣完为止		
3	装饰物准备	根据配方准备、制作相应的装饰物	5	①根据配方在规定时间（1 分钟）内完成，每超过 15 秒扣 1 分；超过 30 秒扣 2 分 ②制作质量较好扣 1 分；制作质量一般扣 2 分；制作质量不合格扣 3 分		
4	调酒操作	根据配方准备、制作相应的鸡尾酒	40	①根据配方在规定时间（2 分钟）内完成，每超过 15 秒扣 2 分，扣完 10 分为止 ②制作总体印象较好扣 2 分；制作总体印象一般扣 4 分；制作总体印象不合格扣 5 分 ③颜色、口味基本正确扣 2 分；颜色、口味一般扣 4 分；颜色、口味不正确扣 5 分 ④风度较好扣 2 分；风度一般扣 4 分；风度较差扣 5 分 ⑤不使用量杯、动作不规范、加料顺序不正确、物品掉地、酒水洒落、酒量不合适、操作不卫生、台面不整洁、不使用杯垫、装饰物制作不符合要求，每项扣 3 分，扣完 15 分为止		
合计			55			
否定项： 若考生发生下列情况之一，则应及时终止考试，考生该题成绩记为零分。 ①酒水准备中出现酒水选择错误 ②器具准备中选错操作工具与载杯 ③调酒操作中出现调制方法错误 ④调酒操作中不按配方制作或严重地不按配方比例制作 ⑤鸡尾酒制作中不加冰						

评分人：　　　　年　　月　　日　　　核分人：　　　　年　　月　　日

试题 2：冰柠檬茶出品

考核要求：

（1）本题分值：15 分。

（2）考核时间：2 分钟。

（3）具体考核要求：根据规范程序进行冰柠檬茶的出品操作。

（4）否定项说明：若考生发生下列情况之一，则应及时终止考试，考生该题成绩记为零分。

①器具准备中选错操作工具与载杯；

②出现制作方法错误。

序号	考试内容	考核要点	配分	评分标准	扣分	得分
1	准备	根据配方准备相应的原料、器具及载杯	5	根据配方在规定时间（1 分钟）内完成，每超过 15 秒扣 2 分，扣完为止		
2	出品	根据配方制作相应的饮品	5	①根据配方在规定时间（1 分钟）内完成，每超过 15 秒扣 2 分 ②制作质量一般扣 2 分；制作质量不合格扣 3 分		
3	操作	根据要求进行操作	5	①制作总体印象一般扣 1 分；制作总体印象不合格扣 2 分 ②风度一般扣 1 分；风度较差扣 2 分 ③制作过程中操作违规按情节轻重扣 1 分或不扣分		
合计			15			
否定项： 若考生发生下列情况之一，则应及时终止考试，考生该题成绩记为零分。 ①器具准备中选错操作工具与载杯 ②出现制作方法错误						

评分人：　　　　年　　月　　日　　　核分人：　　　　年　　月　　日

试题 3：特基拉酒出品

考核要求：

（1）本题分值：15 分。

（2）考核时间：2 分钟。

（3）具体考核要求：根据规范程序进行特基拉酒的出品操作。

（4）否定项说明：若考生发生下列情况之一，则应及时终止考试，考生该题成绩记为零分。

①器具准备中选错操作工具与载杯；

②出现制作方法错误。

序号	考试内容	考核要点	配分	评分标准	扣分	得分
1	准备	根据配方准备相应的原料、器具及载杯	5	根据配方在规定时间（1分钟）内完成，每超过15秒扣1分，扣完为止		
2	出品	根据配方制作相应的饮品	5	①根据配方在规定时间（1分钟）内完成，每超过15秒扣2分 ②制作质量一般扣2分；制作质量不合格扣3分		
3	操作	根据要求进行操作	5	①制作总体印象一般扣1分；制作总体印象不合格扣2分 ②风度一般扣1分；风度较差扣2分 ③制作过程中操作违规按情节轻重扣1分或不扣分		
合计			15			
否定项： 若考生发生下列情况之一，则应及时终止考试，考生该题成绩记为零分。 ①器具准备中选错操作工具与载杯 ②出现制作方法错误						

评分人：　　　　年　月　日　　核分人：　　　　年　月　日

试题4：问答

考核要求：

（1）本题分值：5分。

（2）考核时间：5分钟。

（3）具体考核要求：正确回答以下问题。

①酒吧的调酒工具有几大类？

②酒吧的电器设备有哪些？

序号	考试内容	考核要点	配分	评分标准	扣分	得分
1	设备使用维护	正确回答有关设备使用的问题	2.5	每答错1处扣0.5分，扣完为止		
		正确回答有关设备维护的问题	2.5	每答错1处扣0.5分，扣完为止		
合计			5			

评分人：　　　　年　月　日　　核分人：　　　　年　月　日

试题5：翻译

（1）本题分值：10分。

（2）考核时间：5分钟。

（3）具体考核要求：正确翻译下列词语。

①Port Glass、Mug、Bar Knife、Shot Glass、Bar Counter。

②蛋黄酒、葡萄酒杯、啤酒、青柠檬、甜食酒。

序号	考试内容	考核要点	配分	评分标准	扣分	得分
1	外语应用	正确翻译酒吧用具英文名称	5	每答错1处扣0.5分，扣完为止		
		正确翻译酒吧术语	5	每答错1处扣0.5分，扣完为止		
合计				10		

评分人：　　　　年　月　日　　核分人：　　　　年　月　日

初级调酒师操作技能考核总评成绩表

鉴定时间：　　　　　年　　月　　日

考生姓名	试题 1	试题 2	试题 3	试题 4	试题 5	总评成绩
	调制鸡尾酒干马天尼	冰柠檬茶出品	特基拉酒出品	问答	翻译	

考评签字：　　　　　　　　考评组长签字：　　　　　　　　鉴定单位：

附　录

附录一　初级调酒师19款鸡尾酒配方

一、莫斯科之骡

项目	内容	
调酒配方	英文	中文
	①1oz Vodka ②Ginger Ale	①1盎司伏特加 ②姜汁汽水
装饰物	柠檬皮	
使用工具	量杯、吧匙、吧刀	
使用载杯	卡伦杯	
调制方法	兑和法	
操作程序	①在卡伦杯中加冰 ②倒入伏特加 ③注满姜汁汽水 ④将1片旋状柠檬皮置于杯中	

二、完美曼哈顿

项目	内容	
调酒配方	英文	中文
	①2/3oz Dry Vermouh ②2/3oz Sweet Vermouh ③1oz Whisky	①2/3盎司干型味美思 ②2/3盎司甜型味美思 ③1盎司威士忌
装饰物	柠檬皮	
使用工具	量杯、调酒壶、吧匙、吧刀	
使用载杯	鸡尾酒杯	

（续上表）

项目	内容
调制方法	调和法
操作程序	①在调酒壶内加入适量冰块 ②加入原料酒 ③用吧匙搅和至冷后滤入鸡尾酒杯 ④将 1 片柠檬皮挤汁后放入杯中

三、干马天尼

项目	内容	
调酒配方	英文	中文
	①1/2oz Dry Vermouth ②1/2oz Gin	①1/2 盎司干型味美思 ②1/2 盎司金酒
装饰物	青橄榄	
使用工具	吧匙、量杯、调酒壶	
使用载杯	鸡尾酒杯	
调制方法	调和法	
操作程序	①在调酒壶内加入适量冰块 ②加入干型味美思 ③加入金酒 ④用吧匙搅匀后用滤网滤入鸡尾酒杯 ⑤用牙签串 1 粒青橄榄放入杯中	

四、得其利

项目	内容	
调酒配方	英文	中文
	①1oz White Rum ②2/3oz Lemon Juice	①1 盎司白朗姆酒 ②2/3 盎司柠檬汁
装饰物	糖边	
使用工具	量杯、调酒壶、吧匙	
使用载杯	鸡尾酒杯	

（续上表）

项目	内容
调制方法	摇和法
操作程序	①鸡尾酒杯做糖边后备用 ②在调酒壶内放入适量冰块 ③加入柠檬汁 ④加入白朗姆酒 ⑤大力摇匀滤入带糖边的鸡尾酒杯中

五、白兰地亚历山大

项目	内容	
调酒配方	英文	中文
	①1oz Brandy ②1oz Greme de Cacao（Dark） ③1oz Milk	①1 盎司白兰地 ②1 盎司黑可可酒 ③1 盎司牛奶
装饰物	豆蔻粉	
使用工具	量杯、调酒壶	
使用载杯	鸡尾酒杯	
调制方法	摇和法	
操作程序	①在调酒壶内放入适量冰块 ②按顺序加入牛奶、黑可可酒 ③加入白兰地 ④大力摇匀后滤入鸡尾酒杯 ⑤在杯中撒入少许豆蔻粉	

六、红粉佳人

项目	内容	
调酒配方	英文	中文
	①1oz Gin ②1/2oz Grenadine Syrup ②1/2pc Egg White	①1 盎司金酒 ②1/2 盎司红石榴糖浆 ③1/2 个鸡蛋白

（续上表）

项目	内容
装饰物	红樱桃
使用工具	量杯、调酒壶
使用载杯	鸡尾酒杯
调制方法	摇和法
操作程序	①在调酒壶内放入适量冰块 ②加入鸡蛋白 ③加入红石榴糖浆 ④加入金酒 ⑤大力摇匀后滤入鸡尾酒杯 ⑥以 1 颗带把的红樱桃挂杯装饰

七、威士忌酸

项目	内容	
调酒配方	英文	中文
	①1/2oz Lemon Juice ②1/2oz Syrup ③1oz Whisky	①1/2 盎司柠檬汁 ②1/2 盎司糖浆 ③1 盎司威士忌
装饰物	红樱桃	
使用工具	量杯、调酒壶、吧匙	
使用载杯	鸡尾酒杯	
调制方法	摇和法	
操作程序	①在调酒内放入适量冰块 ②加入糖浆、柠檬汁 ③加入威士忌 ④大力摇匀 ⑤滤入有带把樱桃装饰的鸡尾酒杯中	

八、罗布罗伊

项目	内容	
	英文	中文
调酒配方	①Dash of Sweet Vermouth ②2oz Scotch Whisky	①1 滴甜型味美思 ②2 盎司苏格兰威士忌
装饰物	红樱桃	
使用工具	量杯、调酒壶、吧匙	
使用载杯	鸡尾酒杯	
调制方法	搅和法	
操作程序	①在调酒壶内加入适量冰块 ②加入甜型味美思、苏格兰威士忌 ③用吧匙搅拌至冷 ④滤入鸡尾酒杯 ⑤以 1 颗带把红樱桃挂杯装饰	

九、干曼哈顿

项目	内容	
	英文	中文
调酒配方	①Dash of Bitters ②1/2oz Dry Vermouth ③2/3oz Whisky	①1 滴苦酒 ②1/2 盎司干型味美思 ③2/3 盎司威士忌
装饰物	青橄榄	
使用工具	量杯、调酒壶、吧匙	
使用载杯	古典杯	
调制方法	调和法	
操作程序	①在调酒壶内加入适量冰块 ②加入 1 滴苦酒后摇晃 ③加入干型味美思 ④加入威士忌 ⑤搅拌至冷后，滤入古典杯 ⑥加入青橄榄作装饰	

十、螺丝刀

项目	内容	
调酒配方	英文	中文
	①1oz Vodka ②2/3oz Orange Juice	①1 盎司伏特加 ②2/3 盎司橙汁
装饰物	红樱桃	
使用工具	量杯、吧匙、调酒壶	
使用载杯	古典杯	
调制方法	调和法	
操作程序	①在古典杯中加入适量冰块 ②倒入 1 盎司伏特加 ③注满橙汁 ④用吧匙搅拌均匀后倒入古典杯中，插入 1 根吸管 ⑤将红樱桃放入古典杯中作装饰	

十一、血腥玛丽

项目	内容	
调酒配方	英文	中文
	①1oz Vodka ②Tomato Juice ③Dash of Lea & Perrins ④Dash of Worcestershire Sauce ⑤Celery Salt and Pepper ⑥Lemon Juice	①1 盎司伏特加 ②番茄汁 ③1 滴李派林喼汁 ④1 滴辣酱油 ⑤芹菜盐和胡椒粉 ⑥柠檬汁
装饰物	芹菜杆	
使用工具	量杯、吧匙、调酒壶	
使用载杯	古典杯	
调制方法	调和法	
操作程序	①在古典杯中加入冰块 ②倒入番茄汁、柠檬汁 ③加入李派林喼汁、辣酱油、芹菜盐、胡椒粉（根据个人不同口味） ④兑入伏特加 ⑤插入 1 根切好的芹菜杆作装饰	

十二、盐狗

项目	内容	
调酒配方	英文	中文
	①1oz Vodka ②Grapefruit Juice	①1 盎司伏特加 ②西柚汁
装饰物	盐边	
使用工具	量杯、吧匙	
使用载杯	卡伦杯	
调制方法	兑和法	
操作程序	①卡伦杯做盐边后备用 ②在卡伦杯内加入适量冰块 ③倒入 1 盎司伏特加 ④注满西柚汁 ⑤用吧匙搅拌	

十三、基尔

项目	内容	
调酒配方	英文	中文
	①1oz Black Currant Wine ②White Wine	①1 盎司黑加仑酒 ②白葡萄酒
装饰物	无	
使用工具	无	
使用载杯	酸酒杯	
调制方法	兑和法	
操作程序	①在酸酒杯中加入 1 ~2 块冰块 ②加入白葡萄酒至 7 成满 ③加入 1 盎司黑加仑酒	

十四、金巴克

项目	内容	
调酒配方	英文	中文
	①1oz Gin ②Ginger Ale	①1 盎司金酒 ②姜汁汽水
装饰物	青柠檬	
使用工具	量杯、吧匙、吧刀	
使用载杯	卡伦杯	
调制方法	兑和法	
操作程序	①在卡伦杯内加入适量冰块 ②将 1 盎司金酒倒入杯中 ③注满姜汁汽水 ④用 1 个青柠檬挤汁放入杯中 ⑤用吧匙搅拌，插入 1 根吸管	

十五、金汤力

项目	内容	
调酒配方	英文	中文
	①1oz Gin ②Tonic Water	①1 盎司金酒 ②汤利水
装饰物	青柠檬	
使用工具	量杯、吧匙	
使用载杯	卡伦杯	
调制方法	兑和法	
操作程序	①在卡伦杯内加入适量冰块 ②将 1 盎司金酒倒入杯中 ③注满汤利水 ④用 1 个青柠檬挤汁放入杯中 ⑤用吧匙搅拌，插入 1 根吸管	

十六、威士忌苏打

项目	内容	
调酒配方	英文	中文
	①1oz Whisky ②Soda Water	①1 盎司威士忌 ②苏打水
装饰物	无	
使用工具	量杯、吧匙	
使用载杯	古典杯	
调制方法	兑和法	
操作程序	①在古典杯内加入适量冰块 ②将 1 盎司威士忌倒入杯中 ③注满苏打水 ④用吧匙搅拌，插入 1 根吸管	

十七、朗姆可乐

项目	内容	
调酒配方	英文	中文
	①1oz White Rum ②Coke	①1 盎司白朗姆酒 ②可乐
装饰物	无	
使用工具	量杯、吧匙	
使用载杯	卡伦杯	
调制方法	兑和法	
操作程序	①在卡伦杯内加入适量冰块 ②将 1 盎司白朗姆酒倒入杯中 ③注满可乐 ④用吧匙搅拌，插入 1 根吸管	

十八、古巴自由

项目	内容	
调酒配方	英文	中文
	①1oz White Rum ②1/2oz Fresh Lemon Juice ③Coke	①1 盎司白朗姆酒 ②1/2 盎司鲜柠檬汁 ③可乐
装饰物	青柠檬	
使用工具	量杯、吧匙、吧刀	
使用载杯	卡伦杯	
调制方法	兑和法	
操作程序	①在卡伦杯内加入适量冰块 ②将 1 盎司白朗姆酒倒入杯中 ③加入 1/2 盎司鲜柠檬汁，然后倒满可乐 ④用 1 个青柠檬挤汁放入杯中 ⑤用吧匙搅拌、插入 1 根吸管。	

十九、爱尔兰库勒

项目	内容	
调酒配方	英文	中文
	①2oz Irish Whisky ②Cold Soda Water	①2 盎司爱尔兰威士忌 ②冷苏打水
装饰物	柠檬皮	
使用工具	量杯、吧匙	
使用载杯	卡伦杯	
调制方法	兑和法	
操作程序	①在卡伦杯中放入整条柠檬皮 ②加入冰块 ③倒入 2 盎司爱尔兰威士忌 ④注满冷苏打水 ⑤以柠檬皮作装饰	

附录二　酒吧术语中英文对照

一、杯具（Glass）

中文	英文	中文	英文
啤酒杯	Beer Mug（Glass）	利口酒杯	Liqueur Glass
白兰地杯	Brandy Snifter	调酒杯	Mixing Glass
水晶酒杯	Crystal Glass	威士忌杯	Whisky Glass
鸡尾酒杯	Cocktail Glass	量杯	Measuring Cup
香槟杯	Champagne Glass	玛格丽特杯	Margarita Glass
甜酒露杯	Cordial（Liqueur）Glass	有耳大啤酒杯	Mug
白葡萄酒杯	White Wine Glass	古典杯	Old Fashioned Glass
波尔多葡萄酒杯	Claret Glass	宾治盆	Punch Bowl
醒酒瓶	Decanter	红葡萄酒杯	Red Wine Glass
矮脚杯	Footed Glass	雪利酒杯	Sherry Glass
浅碟香槟杯	Champagne Saucer	短饮杯	Short Glass
高脚杯	Goblet	平底玻璃杯	Tumbler

二、用具（Utensils）

中文	英文	中文	英文
烟灰缸	Ashtray	抹杯布	Glass Clothes
开瓶器	Bottle Opener	玻璃小碟	Glass Saucer
酒吧高凳	Bar Stool	冰夹	Ice Tong
吧匙	Bar Spoon	冰刨	Ice Shaver
吧叉	Bar Fork	冰插	Ice Pick
吧刀	Bar Knife	冰桶	Ice Bucket
香槟酒桶	Champagne Bucket	开罐器	Can Opener
柠檬榨汁器	Lemon Squeezer	雪糕勺	Cream Dipper
搅酒棒	Swizzle Stick	杯垫	Coaster
清洁用具	Cleaning Equipment	切板	Cutting Board
奶罐	Milk Jug	香槟冷酒器	Champagne Cooler
启子	Opener	漏斗	Funnel

（续上表）

中文	英文	中文	英文
餐巾纸	Paper Napkin	吸管	Straw
榨汁工具	Squeezer	压榨机	Presser
托盘	Serving Tray	剥皮器	Zester
牙签桶	Toothpick Holder	葡萄酒篮	Wine Basket
不锈钢水壶	Stainless Steel Kettle	糖盅	Sugar Bowl
滤冰器	Strainer	调酒壶	Shaker

三、酒吧设备（Bar Equipment）

中文	英文	中文	英文
吧台	Bar Counter	制冰机	Ice Maker
搅拌机	Blender	冷藏柜	Refrigerator
电动饮料机	Electronic Dispensing System	上霜机	Glass Chiller
苏打枪	Hang Gun System		

四、酒水饮料（Beverages）

中文	英文	中文	英文
蛋黄酒	Advocaat	法国不修士酒	Benedictine
杏仁酒	Amaretto	茴香酒	Anisette
苦柠檬水	Bitter Lemon	开胃酒	Aperitif
苦酒	Bitters	杏子白兰地	Apricot Brandy
波本威士忌	Bourbon Whiskey	百家得	Bacardi Rum
黑加仑酒	Black Currant Wine	樱桃白兰地	Cherry Brandy
啤酒	Beer	樱桃甜酒	Cherry Heering
葡萄汁	Grape Juice	法国干邑白兰地	Cognac
西柚汁	Grapefruit Juice	可可甜酒	Creme de Cacao
蜜糖	Honey	咖啡甜酒	Creme de Cafe
爱尔兰咖啡	Irish coffee	薄荷甜酒	Creme de Menthe
柠檬味汽水	lemonade	黑朗姆酒	Dark Rum
蒸馏水	Distilled Water	生啤酒	Draught Beer
意大利特浓咖啡	Espresso Coffee	纯麦芽威士忌	Malt Whisky
雪利酒	Sherry	黑樱桃酒	Maraschino
法国葡萄酒	French Wine	红石榴糖浆	Grenadine Syrup
绿薄荷酒	Get27 Peppermint	德国葡萄酒	German Wine
彩虹酒	Pousse-Cafe（Rainbow）	金酒	Gin

附录三 酒的计量单位换算

1 盎司 =28. 41 毫升

1 茶勺 =1/8 盎司≈3. 6 毫升

1 酒吧量度≈5. 2 毫升

1 司普力≈170. 46 毫升

1 明尼托≈56. 82 毫升

1 品托≈454. 56 毫升

1 夸托≈909. 12 毫升

1 加仑≈3636. 48 毫升

注：本书中所出现的盎司应为英液盎司，为容积单位，非质量单位。

参考文献

1. 陈衍怀．酒吧服务［M］．广州：暨南大学出版社，2014.

2.《职业技能鉴定教材》《职业技能鉴定指导》编审委员会．调酒师：初级、中级、高级［M］．北京：中国劳动社会保障出版社，2001.

3. 谢玉莲．社交礼仪［M］．广州：暨南大学出版社，2014.

4. 劳动和社会保障部职业技能鉴定中心组织．调酒师：初级［M］．北京：中国财政经济出版社，2004.

5. 劳动和社会保障部职业技能鉴定中心组织．调酒师操作技能考试手册［M］．北京：中央广播电视大学出版社，2003.